日本动漫服饰系列

日本战国时代服饰图鉴

[日] 植田裕子——编著
[日] 山田顺子——审
[日] 黑江S介 高濑 内田慎之介——插画
宋玮——译

机械工业出版社
CHINA MACHINE PRESS

目　录

- 本书将 16 世纪（室町时代后期）—17 世纪初（江户时代初期）作为“战国时代”，收集了这一时期的衣装风俗
- 文中的“天正”“庆长”等年号请参考 P98、99 的内容
- 在每一页的人物图例旁边，会标注出各个部件的名称（下装除外 /P78 以后略去该部分）

女性服装的样式

平民

下装・发型・小物件

专栏

序

比起江户时代，战国时代的规矩要少一些。它处于中央政府室町幕府即将崩塌的前夕，是连将军都逃离京城，辗转于地方的时代。因此，幕府的一些仪式、礼仪规矩皆被荒废，装束也变得逐渐简略起来。另外，各地的大名原本是以守护天皇为己任的，却有越来越多的武将以臣压君而上位，使得平民的行为风俗慢慢渗透了统治阶级。更进一步讲，每个人都变得更为自由地进行穿搭，于是就产生了时尚。

但是，战国时代战火纷飞，由于许多很有历史渊源的馆舍或是寺院都被烧掉了，所以许多衣装的实物、绘画的史料也同时被销毁了。因此，我们所不了解的东西有很多。加之流传在现今的遗物或史料中，混入了太多江户时代以后制作、复原的东西，所以里面有一些我们无法将其作为是战国时代的东西而囫囵吞下。

在审此书时，我努力做到重视在战国时代制作的史料，但如果有不足之处我在这里先向大家致以歉意。另外武将的甲胄等的色彩，由于时间的流逝很多都褪色了，有一些我也无法正确地了解它原本的色彩。在这种情况下我确实发挥了自己的想象力，对于这一点也向大家道歉。

另外，有很多读者看到插图中登场的这些人物都有着像模特一样修长的身形，可能会觉得这不是真的。确实，战国时代的人物不要说八头身了，连七头身都很罕见，大多数的武将腿都比较短，腰就像是有代谢综合征一般。他们绝对不拥有历史剧中演员所展现出来的英俊身姿。但是他们身着武士礼服出席仪式的身姿，却拥有不仅让家臣，甚至连领民都为之着迷的力量。如果做不到这样的话，会被人认为他没有大将之气。战国时代的帅气究竟是什么样子？它和现代的帅气有什么样的差别？我觉得答案隐藏在这本书中。也请各位读者在这本书中试着去寻找。

山田顺子（时代考证专家）

前　言

如同近来“女性历史爱好者热潮”所代表的那样，日本战国时代是许多历史迷所钟爱的时代。

著名的武将轰轰烈烈地活跃在历史中，支持着或者说左右着时代的女性，总是顽强地生活在历史的影子下的庶民——可以说历史正是因为有“人”的存在而愈发有趣。历史中的人物是如何思考的？他们与现代人有什么区别？这些能够引起兴致的想法会不断地浮现出来。

为了了解那些鲜活人物的样子，本书关注战国时代的“时装”。

服装是照见世相的明镜，是人心的表象，是生存的方式。无论在现代还是战国时代，它都是一致的。男性的美学、女性的华美、年轻人的反抗心理，不同的人群会表现出不同的风格。为了能够一次俯瞰各类人群的样子，本书选取了各种身份、职业的服装，并对其构造和起源进行了总结。

首先，请抱着欣赏街拍一样的心态。本书介绍的是战国时代真实的时装。如果有比出现在动画或漫画中更朴素的衣装，那么也一定会有让人难以置信的更加华丽的衣装，或者也有可能会出现一个人物，他的装束你从来都没有见过。但是，各式风格都有它存在的理由，可能受生活环境、经济状况，或者政治方面的影响……通过教科书我们没有彻底理解的“战国时代”，他们每一个人都会再教会我们一次。

了解当时的时装，也相当于打开了一扇可以更进一步接近遥远时代的大门。——欢迎来到遥远的“战国时装”的世界！

关于战国时装的疑问

在可以用低廉的价格非常容易地购买到自己喜欢的东西的现代，和在布匹价格昂贵的战国时代，人们对于『服饰』的意识有着天壤之别。在欣赏战国服饰的具体例子之前，让我们先来了解下相关的基础内容！

Q 提问：从服饰的角度来看，曾经是怎样的时代呢？

A 回答：真的是乱世。

既不是像平安时代那样公家装束繁花似锦的时代，也不是像江户时代那样服装制式有了定式的时代，所有的一切都在变化中，毫无规则可言。因为处于以下犯上的时代，身份和职业都乱入的结果就是，服装也变得混乱而毫无秩序。因此，选取并总结战国时代的服装说实话也是有些困难的。如果要大概总结下的话，应该说是“质朴但变化多”。在连明天都无法预知的战乱时代，比起厚重的装束，人们更青睐轻便的服饰。比如说，原来男性常常戴着乌帽子，进入室町时代之后这一习惯逐渐变得淡薄，即使是“露顶”，也就是将头部显露出来，也变得不被认为是一件失礼的事情。另外，对于公家及武家来说是下装的小袖，也开始进化到外衣。就像把小袖变为日常穿着的普通民众那样，服饰在向着轻便化进步。两军对战时穿的铠甲也随着战术的变化，进化成了功能性更强且易于行动的样式。

Q 提问：当时的时尚引领者是谁？

A 回答：在当时，政治力量是最强大的势力。

通览日本的服饰史，大家会了解到曾经是平民日常穿着的服饰变成了公家及武家的礼服，也就是所谓的“服饰的下克上”几经往返重复。这是由于曾经在底层的人发迹之后，把自己的服装也原样带入了上层社会，使既存的价值观也发生了变化。引发战国时代服装混乱的，是“下克上这样的风潮”，但反过来说这股风潮也正是驱动时尚的动力。这么说的证据是，武家的势力将公家的政治权力削弱的战国时代，也是公家的装束文化被完全断绝的时代。这是因为在应仁之乱以后，为了避开战乱，公家向各处疏散，而由于都城也成为战场，所以与服装织染相关的手工业者也四处逃散。艺伎、艺能者成为城市的时尚引领者，是在町人文化发达的江户时代以后的事情。

Q 提问：平均每人有几件衣服呢？

A 回答：布匹是贵重物品。大家都没有太多的衣服。

在现代，根据季节和用途的不同，我们会换上各式衣服，但是在当时，除非是身份极其特殊的人，正常平均每人所拥有的衣服是 1~2 件。所以衣服在被洗涤的那段时间，不得不裸着身体的时候也是有的。在织布既费工又费时的过去，布制品是贵重且价格不菲的。因此当时首先最不可能的一件事就是“把布扔掉”。即使是同一件衣服，在冬天就会加上内衬做成棉夹衣，如果下摆磨破了，就会把下摆改短，人们都很在乎仅有的衣服，穿起来都很小心。即使再小心，有一天万一不能穿了，还会改为孩子们能穿的衣服；如果孩子也不能穿了，会把衣服改为抹布；改成抹布都破了的话，会把它裁成细条，把它当作编草鞋时用的加固材料……物尽其用之后，最终它还有可能变成放入炉灶中的燃料。就这样，衣服一直毫无浪费地被使用到了最后，这也是为什么很难能看到现存的平民穿过的衣服的原因。

Q 提问：如何得到衣服呢？

A 回答：买，做，他人赠与，从遗体上脱取。

虽然曾经平民在家也会织布，但对于居住在无法获取原材料植物地方的人们，主要是从旧服装店来购买衣物。比起新的布匹，旧衣服会更便宜。这些旧衣服都是从哪里来的呢？有一些是别人不要的衣物，还有一些是从战死在沙场上的遗体上脱下来的。两军作战的时候，平民也经常会抓捕落败的武士，甲胄或者武器等大多都是通过这样的途径流通的。另外，拥有一定身份的人们会购买布匹，然后将其制作成自己喜欢的衣服。如果是一般的衣物，则由家庭主妇或者来帮忙的妇女制作，但如果收集到鸟类的羽毛或者动物皮毛等特殊材料，则会找专门的懂相关技艺的人来制作。这种衣物往往是先辈们一代一代穿过后传承下来的，或者有一些是大名赏赐给家臣们的。如果收到的是过于华丽的阵羽织等，他们也会因为不知道该如何处置而感到比较为难，因为赏赐下来的东西对于他们本人来说不仅是衣物，还是一种名誉、一种乐趣。

Q 提问：那时的衣物有尺寸吗？

A 回答：要根据使用的布料尺寸而定。但是其实不怎么介意。

定制的衣物就不用说了，在购买旧衣物的时候确实会考虑尺寸，但也受限于布料的尺寸。当时还没有布料尺寸的规格，在制作衣物的时候会将其进行剪裁。在将布料制成衣物的时候，大家都会尽量不产生浪费而充分利用布料的大小来进行制作。所以如果布料大，那就做成大尺寸的衣物；如果布料小，那就做成小尺寸的衣物。就这样，稀里糊涂地就有了各种尺寸的衣物。其实当时大家对尺寸也不是非常地关注，就是一种“只要能穿上就行”的感觉。话说回来，因为当时的布匹价格很贵，所以也没办法讲究太奢侈的事情。即使衣服比较长，当时的带子都是细带，所以也可以通过“在腰部折一下”的方法在腰部多折几下然后系起来，如果实在有比较介意的地方，当时的女性大都会裁缝，所以只要自己进行修正就好了。旧时的衣物和洋服不同，衣物基本会做成近乎是四角形的和布匹形状相似的样子，穿着方法、尺寸这些，多多少少都有灵活调整的余地，这一点是比较好的。

Q 提问：如何洗衣呢？

A 回答：粗制的麻布用脚踩着洗，细腻的绢物尽可能不洗。

除贴身内衣以外，大件衣物一般一个季节只会洗一次，而不能经常洗。过一遍水后衣物也会缩水，所以那时洗衣服的次数都会被控制在所必要的最低限。因长时间穿着而变得软塌塌的衣物，大家会把缝在上面的线都抽掉，恢复成原始布料的状态之后再去清洗。普通老百姓穿的麻布和高品质的麻不同，纤维更粗、更硬，非常不适合手洗。通常是在河边的圆石头或者石板上，将要洗的衣物沾湿并铺开，用脚踩的方式或者用木槌击打的方式让衣物上的脏东西浮出来。那用什么作为洗涤剂呢？通常使用淘米水或者灰汁等。在晾晒的时候把衣物的内里插入竹竿中，然后将缩水和变形的部分抻开。这样的衣物再缝一次，就会像新衣服一样了。这就是如今说的“拆洗”，这种洗衣方法直到现在还在使用。另外，如果是绢制的价格高昂的装束物，基本是不去洗的。因为面料本身很精致，所以如果一过水的话，纤细的织染纹路就会消失。因此，在穿衣服的时候一定会先穿一件内衬的衣服，小心谨慎地尽量不让衣服变脏。

如果只穿外衣的话，它就是连衣裙；如果和裤裙一起穿的话，它就是上衣。小袖是战国服饰风格中最基本的元素。

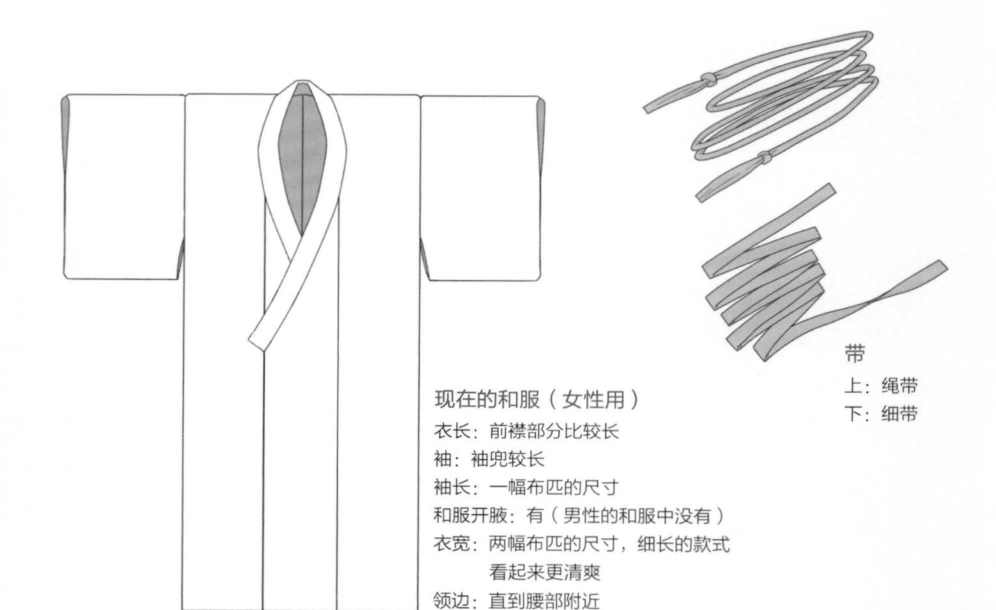

制作各式服装的基础元素

小袖，也就是现代我们所谓的“和服”。之前，对于身着厚重装束的公家、武家来说，它是当作内衣来穿的，但是从室町后期开始，它逐渐变为外衣，并且成了从平民到上流阶层服装的基本样式。也就是说，战国时代是现代和服的起点。

当时的小袖和现在的和服最大的区别：①衣服更宽松。穿上小袖之后，衣服的接缝口甚至可以再包到身体的后方。这是因为当时并没有正坐的习惯，人们不是盘腿坐着，就是半蹲半坐着，如果衣服不留有足够的空间的话，前方就会被撑敞开。带子也不像现在这么宽，而是系细带。在安土桃山时代，也流行过线绳的带子（P65）。②袖子更小。长度基本上可以将肘部隐藏起来，袖兜不往下垂，曲线就像是船底的样子。由于它和长刀的刀刃很像，所以也被称为“长刀袖”。③按身长来穿。现代女性的和服在腰部会留有掖起（男性会把余出来的长度卷起来），战国时代的男女则都不会留掖起。

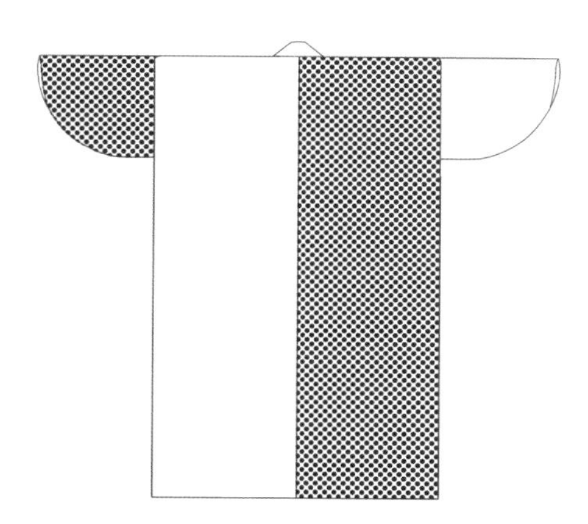

半身交替

将身体部分或是袖子分为左右两侧，分别用不同的颜色或者用不同的布来缝制。

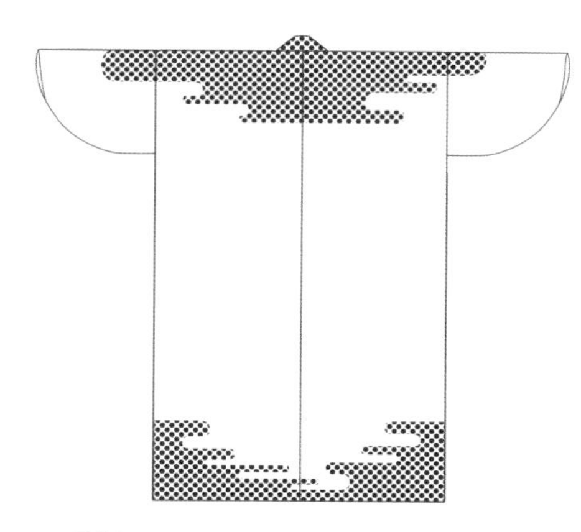

肩裾

在肩部和下摆中即使系着带子也能被看到的部位加入花纹。

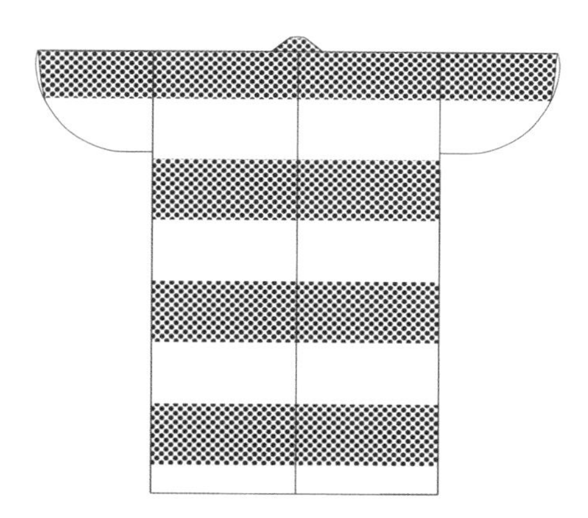

段交替

将整体分为 4~12 段。

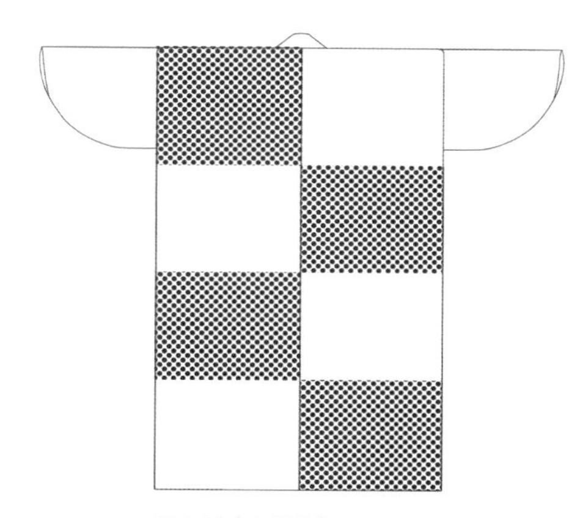

段交替（市松纹）

也有图片中这样的分段方法。

总模样

花纹散落在服饰整体中。

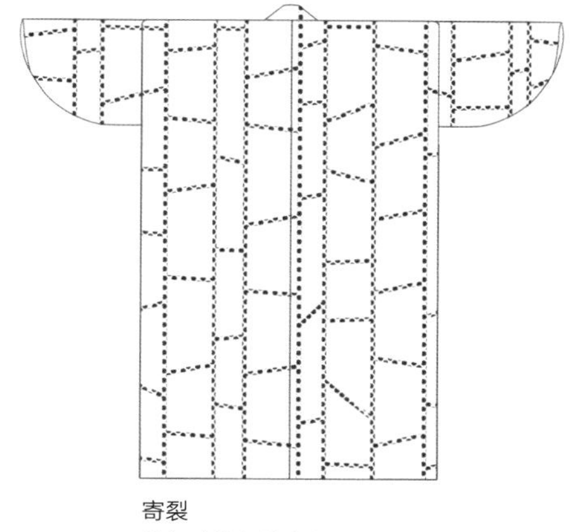

寄裂

将各式的布缝合在一起。

战国时装基本元素②

〔裙裤〕

它是和式服装中唯一的下身装。根据各人的喜好和目的不同有多种多样的种类。在穿着方法上也是需要技巧的。

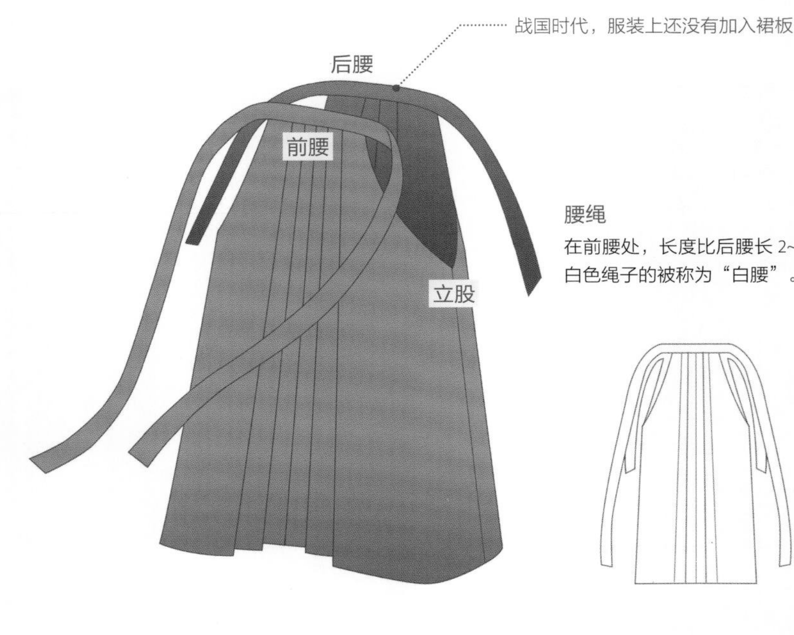

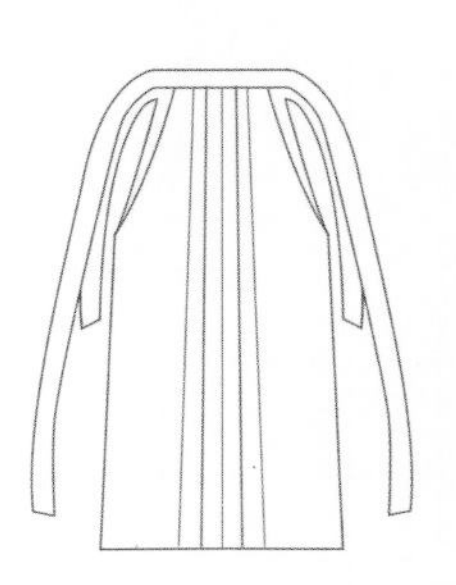

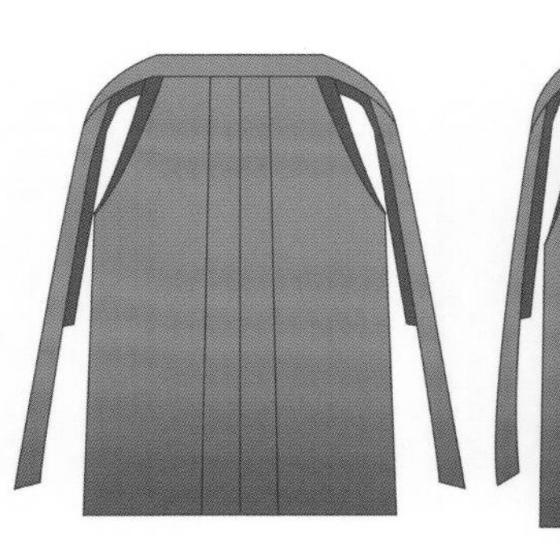

横宽较宽，立股浅。武家的日常穿着，也适合作为礼服。

褶皱的条数多，立股深。适合作为武家的礼服。

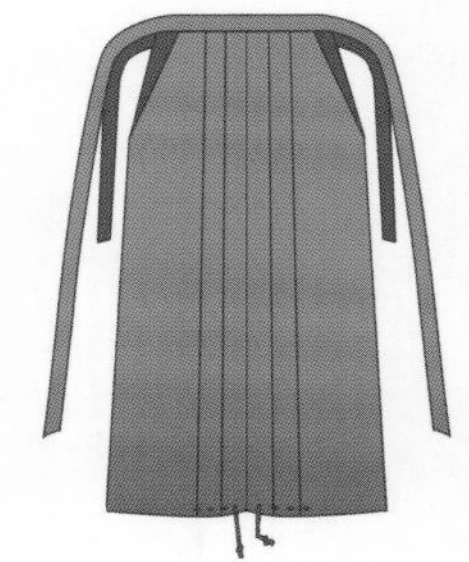

横宽较窄，立股浅。长度也短，可穿过用来系袴的绳子。它适合穿在铠下（P36、39），以及平民在劳作时穿着。

根据用途不同，样子也会变化

除公家女性装束等特殊的例子以外，战国时代穿裙裤的仅仅是男性。它的种类非常丰富，大致区分的话，在劳动等活动时穿着的缝制得比较窄小，而作为礼服穿着的会缝制得比较宽大。

褶皱条数多的，整体会比较宽大，仅仅这一个原因就会使用更多的布匹。根据使用布匹幅数的不同，有“四幅裙裤”“六幅裙裤”等。

裙裤的性感点是立股（肋下空隙），它越深，空隙就越大，这样会非常容易挂到其他东西上，所以在野山或者战地中大家喜欢穿空隙较窄的类型。另外，裙裤的立裆较深，裤腿在膝盖附近才分开，所以在骑马的时候会很不方便，因此可将立裆改浅。其余的因素主要就是个人的喜好了。

有一点非常重要，那就是战国时代所有的衣物都是纯手工制作，并不存在可以大量生产的标准品。即使是看上去一样的裙裤，在细节方面还是会根据个人的情况进行修改。因此，在战国的时装中，很难一概而论说“就是这个样子”。

裙裤的穿着方法

系腰绳有各式方法，在此处以简便的“单结”为例。

❶ 从前腰部位开始穿。将前腰的绳子在后方进行交叉，然后再拿回前方。

因为裙裤的后面如果蓬起来的话会很好看，所以下面的小袖的带子故意在后方系得更突出一些。

❷ 将拿回前方的带子继续交叉，然后绕到后面打结。

❸ 将后面的腰绳拿到前面，与前绳一起整理后打结。

❹ 将打结后多余的部分收在一边。也有将最下面的绳子收起来的，但是如果要插刀的话，收上面的绳子会更不容易破坏绳结。

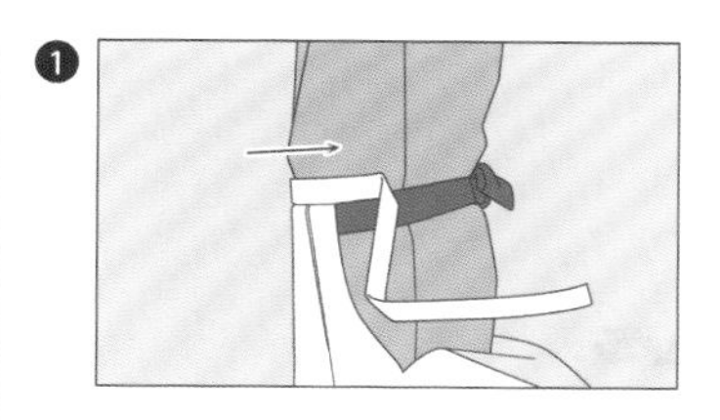

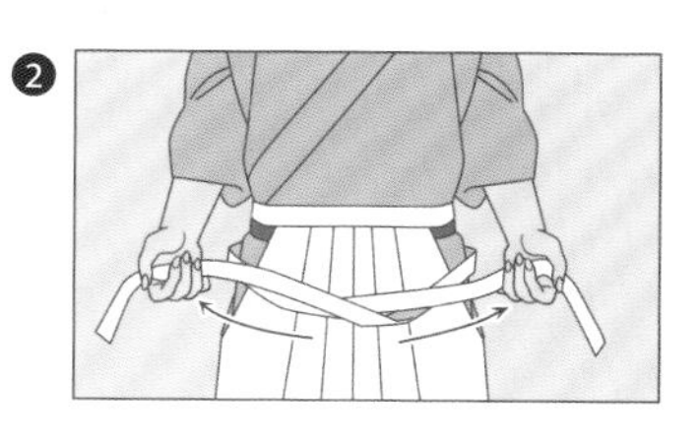

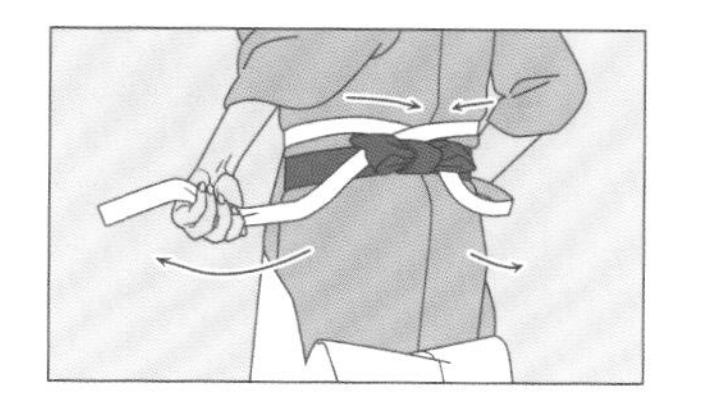

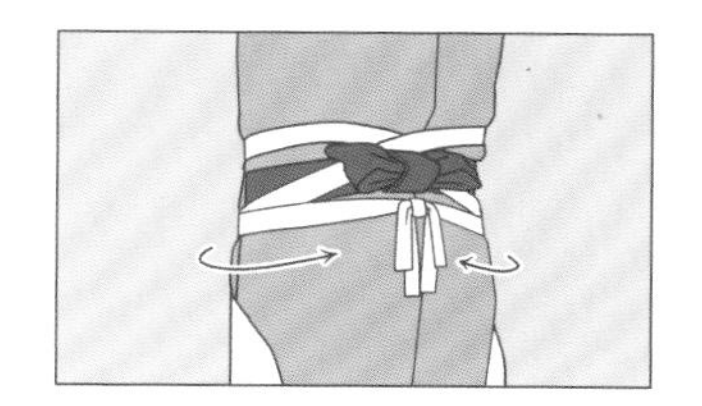

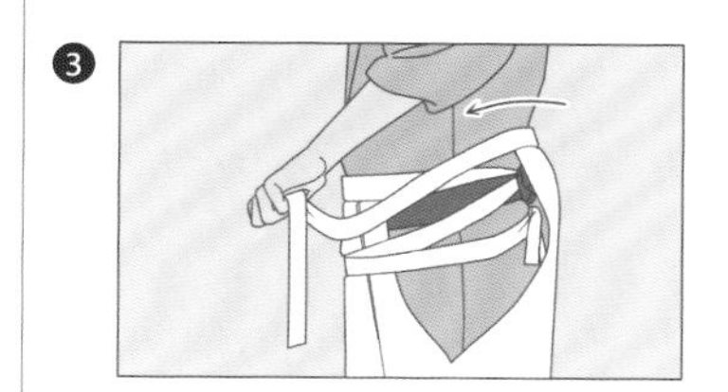

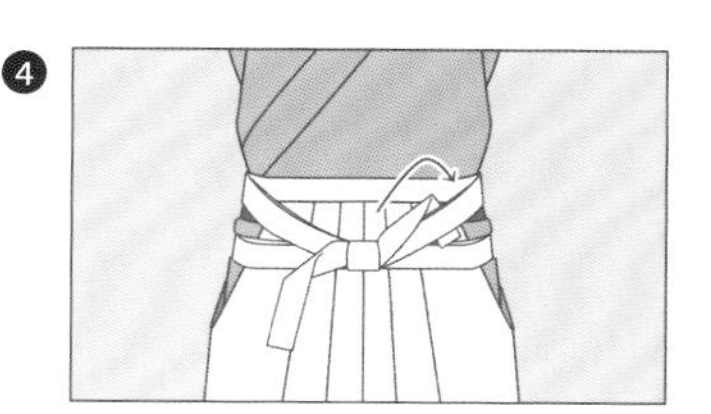

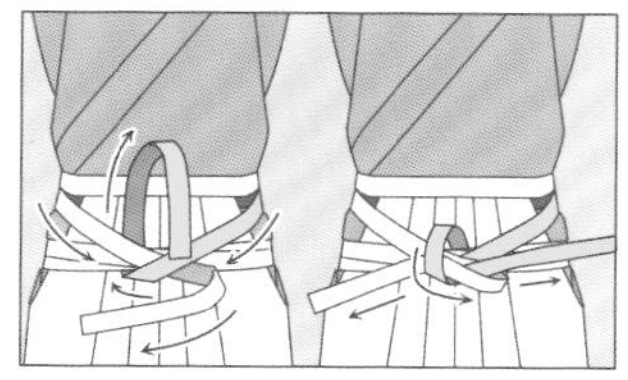

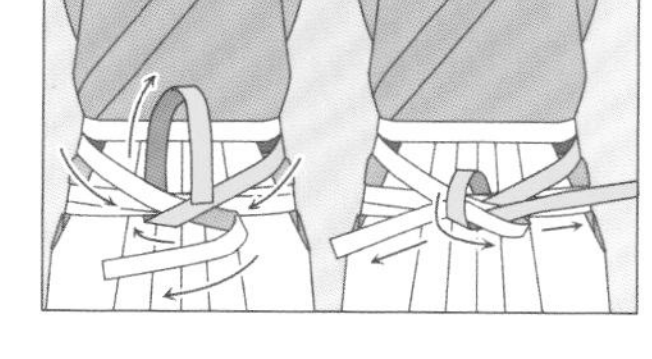

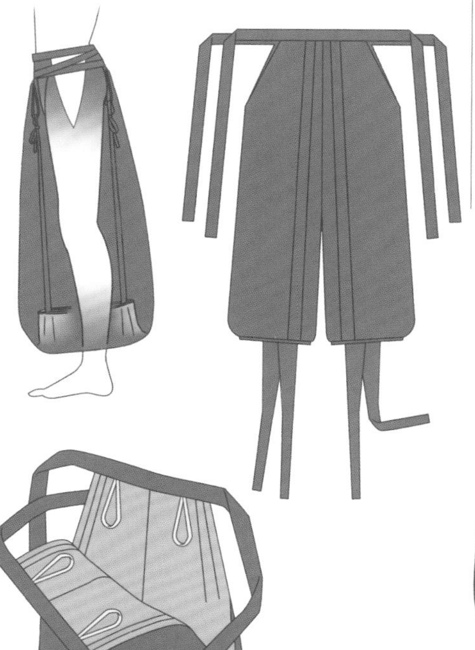

特殊案例

居然还有这样的裙裤

将像是风筝尾巴的东西绑在下摆的位置上，将其绑在内侧的圆环上。这是一种被称为指贯[㊀]的礼服用的绑腿裙裤，原本绳子是会穿过下摆的，但在江户时代之后，找到了这个方法。

各种下摆样式

移动中、作业中……宽松的裙裤下摆要这样处理

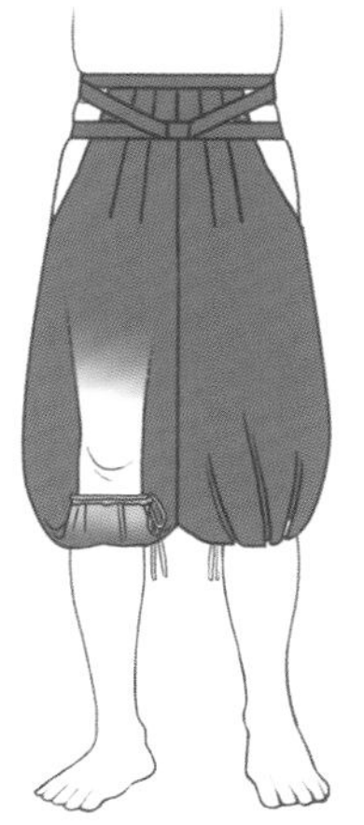

将下摆扎起来

用绳子将下摆系紧。这样下摆中穿过绳子的裙裤被总称为“绑腿裙裤”。

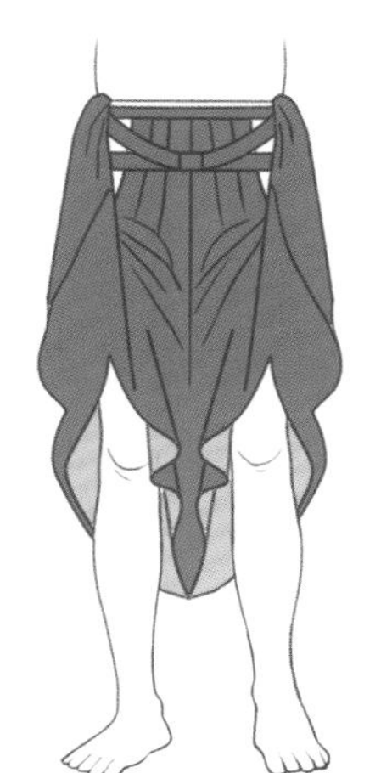

绑在立胯上

将绳子扎在身体前侧胯下附近。

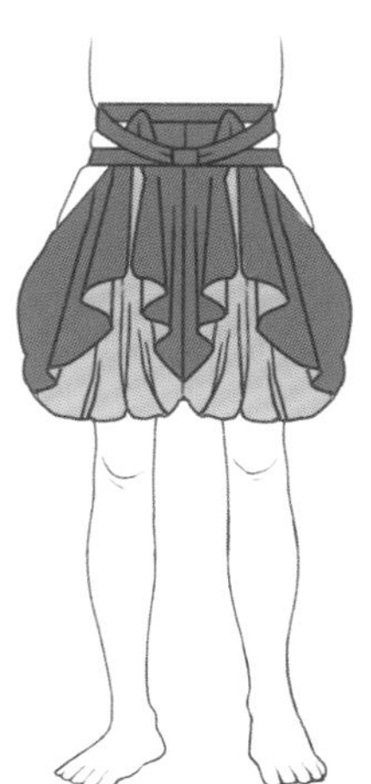

将下摆卷起

将下摆夹在裙裤的绳子上。

㊀ 译者注：一种裤腿肥大，裤脚有束带的和服裤，贵族着直衣或狩衣时穿用，或者着正“束带”的衣冠、布裤装时穿用。

战国时装

【平均身高】

表现当时的生活习惯，确认当时的体形。

近年来，日本人的身高增长率几乎是停滞状态。

看起来短小精壮的身体

男性的平均身高是 156cm 前后，从现代的视角来看恰恰和女性的身高差不多。虽然会让人感觉非常的矮小，但是与之后的江户—明治时代比起来，战国时代的人实际上要稍高大一些。

其中的一个理由就是，那时处于一个战乱四起的时代。由此带来的就是人们需要穿着厚重的甲胄四处征战，被征用的农民也要进行长距离的移动奔赴战场，运动量会非常的大。也就是说那是一个通过类似战斗这样的训练，在日常生活中就让身体得到锻炼的时代。江户时代初期之后各种交战逐渐消失，运动的机会也随之减少。

另外，饮食生活的变化也是其中很重要的一个原因。在佛教思想渗透的江户时代，肉食受到了限制，但在战国时代还是比较自由的。一旦真的打起仗来，只靠米饭的话是撑不了多久的。

另外，众所周知战国时代的马是比较小的。在古装剧中登场的是一种英国的良种马，但实际当时活跃在战场上的是木曾马等本地品种的马。确实这种体长腿短比较可爱的样子，根本给不了人威风凛凛的感觉，但实际上它是健壮、聪明且非常温顺的马。

女性

室町时代 146.6cm
江户前期 143cm

马的体高（到肩部）

木曾马（日本本地品种）
130cm 左右

男性

室町时代 156.8cm
江户前期 155cm
伊达政宗身高 159.4cm

甲胄

甲胄既是武将的盛装装备，同时也是入殓时的装束，

伴随着时代的变化它的功能性也在增加，

同时也变得更加华丽并且具有个性。

对于武将来说，甲胄就是自己英勇的生活方式的体现。

插画：黑江S介

八大名将甲胄英姿

武田信玄 × 胴丸㊀

㊀ 胴丸：胴丸出现于平安中期，来源于挂甲，初始时是下级武士穿着的铠甲式样。

上杉谦信×腹卷㊀

㊀ 腹卷：为了制造出更易于行动的铠甲，甲胄师们采用了镰仓时代使用的胴丸和腹当两者之长处，制作出便于骑马的“腹卷”。

织田信长×胴丸

前田庆次×当世具足

愛
直江兼续×当世具足

大一大万大吉
石田三成×当世具足

伊达政宗
×
当世具足

真田幸村
当世具足

武田信玄×胴丸

他以“风林火山”为旗帜，用优秀的统帅能力领兵作战，是被誉为“甲斐之虎”的名将。用色彩华丽的毛引威（P27）来装饰铠甲，还有为了展示威容的大袖子（P26），即使在战国时代也是在初期的铠甲中能够见到的特征。它非常适合穿在名将的身上，以体现出庄重的威严感与风格。

上杉谦信×腹卷

信玄被称为虎，谦信则被称为“越后之龙”。他将毘沙门天的“毘”字印在旗帜上，与信玄曾5次进行“川中岛合战”，是一对宿命中的对手。前襟上点缀的是乘着祥云的饭纲权现。他与毘沙门天一样是谦信信仰的战神。头盔下的护颈（P29）有两层，那是上杉家独特的规格。

织田信长×胴丸

除了以火烧比叡山等而被人熟知的冷酷之外，他还是以敏锐的才智与超乎寻常的感受性而称霸天下的极具领导天赋的武将。据说他喜欢穿着新奇的衣物，这一身古典且雅致的具足非常符合他的气质。整体使用的藏青色在古代叫“褐色”，它是作为“胜利之色”而广泛受到武将喜爱的颜色。

前田庆次×当世具足

他搁下家人与妻子，自己突然出走，是一位讴歌人生自由的特立独行的人。这样的庆次非常喜欢个性十足，而且设计奇特的当世具足。从肩膀部位伸出来的，是被称为“满智罗”的西式护具。无论是袖子上装饰的像鱼鳞一样的“鱼鳞札”，还是涂上华丽的朱漆，在战场上都有着出类拔萃的吸睛程度。

直江兼续×当世具足

通过 NHK 大河剧《天地人》而家喻户晓的“爱”字头盔。对于它的由来有“爱染明王”“爱宕权现”等说法，但是从现代人的眼光中来看，首先会浮现出来的是“LOVE”。它是一顶具有视觉冲击感的头盔。兼续在上杉家担任家老，因此头盔下面的护颈和谦信一样也是两层的。

石田三成×当世具足

在少年时代他的才智即被丰臣秀吉所发现，而作为其优秀的近臣活跃在历史舞台。这样一位冷静的智将却让人非常意外地戴着一顶充满着压迫感的头盔。头盔上状如真发一样的装饰毛，用的是生活在西藏的“牦牛”的尾毛，是一种非常珍贵的用作武装护具的材料。这种完全覆盖头盔的装饰毛发被称为“兜蓑”。

伊达政宗×当世具足

他以“独眼龙”的异名而广为人知，是一位从年轻时代就显露头角的奥州霸者。闪着光辉的漆黑铠甲，锋利的弯月造型头盔都是有名的流行趋势。据说他很重视铠甲的实用性，爱用的是简约但功能性很强的“仙台胴”。这是一种用铰链把 5 块铁板连起来的铠甲，在仙台自政宗之后，一直到幕府末期都在用。

真田幸村×当世具足

他是率领着统一穿着朱漆涂装的“赤备军”亲征大阪夏之阵（1615 年），将德川势力的大军逼到最后只差一步的“日本第一勇士”。在此我们可以想象下他当时的英姿，其实在“大阪下镇图屏风”中也有描述，就是左右装饰着鹿角和白熊毛的头盔。铠甲是铁质的和制“南蛮”胴（P62）。手拿当时流行的十字枪，准备随时出阵。

简单！甲胄指南

1 胴丸

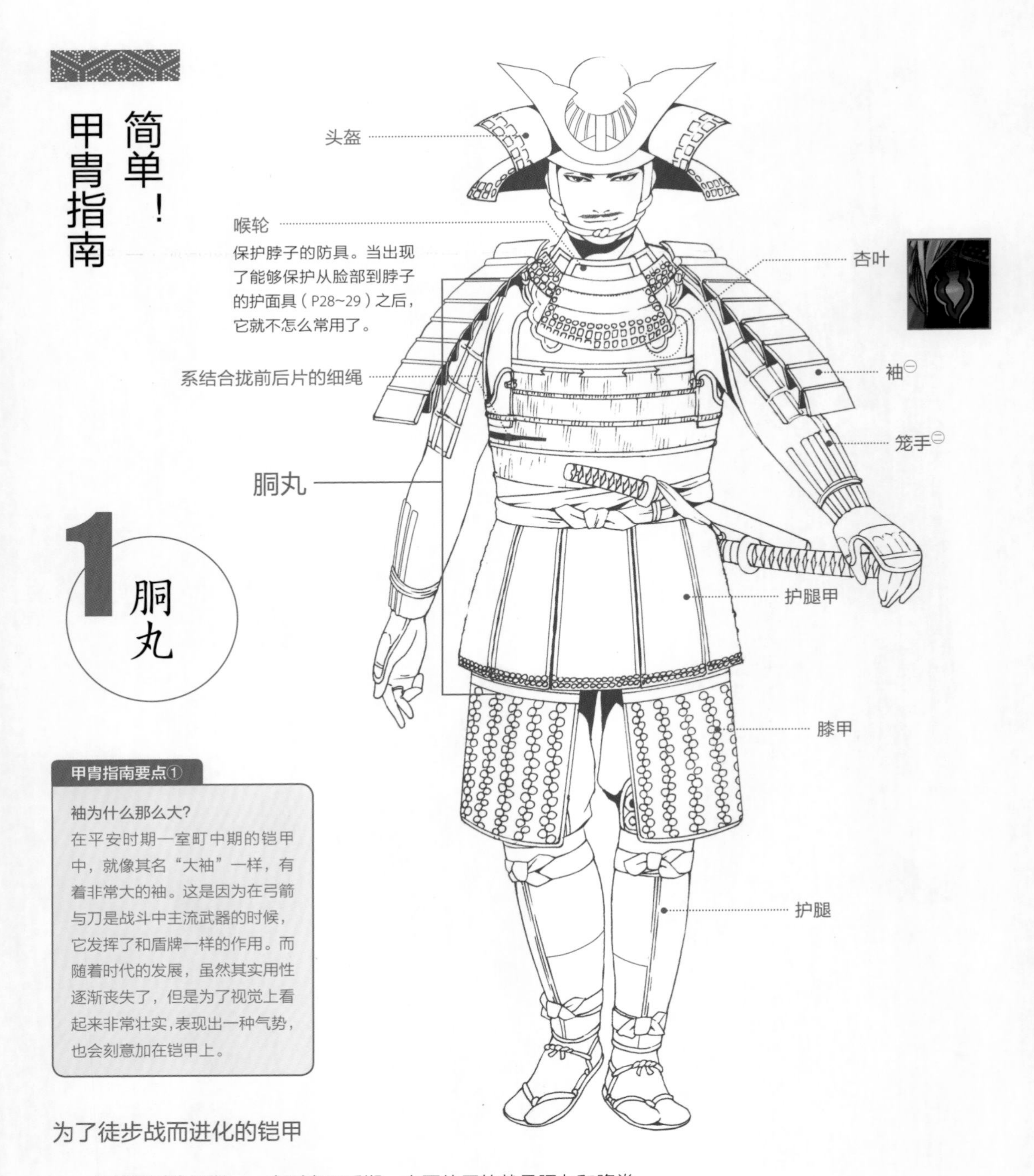

甲胄指南要点①

袖为什么那么大？

在平安时期—室町中期的铠甲中，就像其名“大袖”一样，有着非常大的袖。这是因为在弓箭与刀是战斗中主流武器的时候，它发挥了和盾牌一样的作用。而随着时代的发展，虽然其实用性逐渐丧失了，但是为了视觉上看起来非常壮实，表现出一种气势，也会刻意加在铠甲上。

为了徒步战而进化的铠甲

从战国时代初期，一直到室町后期，主要使用的就是胴丸和腹卷。

原本它只是小兵卒穿着的简单朴素的铠甲，但在南北朝时代战斗方式从骑马打仗变为徒步的团体战，人们开始更为关注移动的便利性，于是它改良成为上级武家也会穿着的样子。

胴丸，正如其名，把胸腹部包围成圆形，在右侧将前后片进行合拢是它的特征。虽然它看起来和旁边的腹卷几乎是一样的，但仔细观察会发现胴丸在右侧有为了将前后片合拢的绳子。“杏叶”这个像叶子形状的部分，是为了不让挂着护胸的高纽断开的装置。此为胴丸的一种构成形式而被延续了下来，之后在其他的甲胄上也被参考沿用。

㊀ 袖：铠甲由肩到腕的部分。

㊁ 笼手：甲胄中的手臂甲。

和胴丸的不同处在背部

据说，腹卷的起源，是一种叫“腹当”（P38）的就像是围裙一样只将身体正面覆盖的简朴的铠甲，腹卷是在它的基础之上进化而来的。从其名称上类推的话，也可以理解为把只将胸腹“盖起来”的东西，进化成了“卷起来”的样子。

和胴丸不同，腹卷在后背有一个连接处，其特征就是在后面将铠甲合拢起来。最早的时候后背那里有一条很细的空隙，后来在缝隙处增加了一块背板，最终这样的形式是在室町时代完成的。

胴丸和腹卷一样，在用作小兵卒轻便武装的时候，都没有头盔和袖，直到上级武家开始穿着的时候才又充实了各式各样的防护具。

2 腹卷

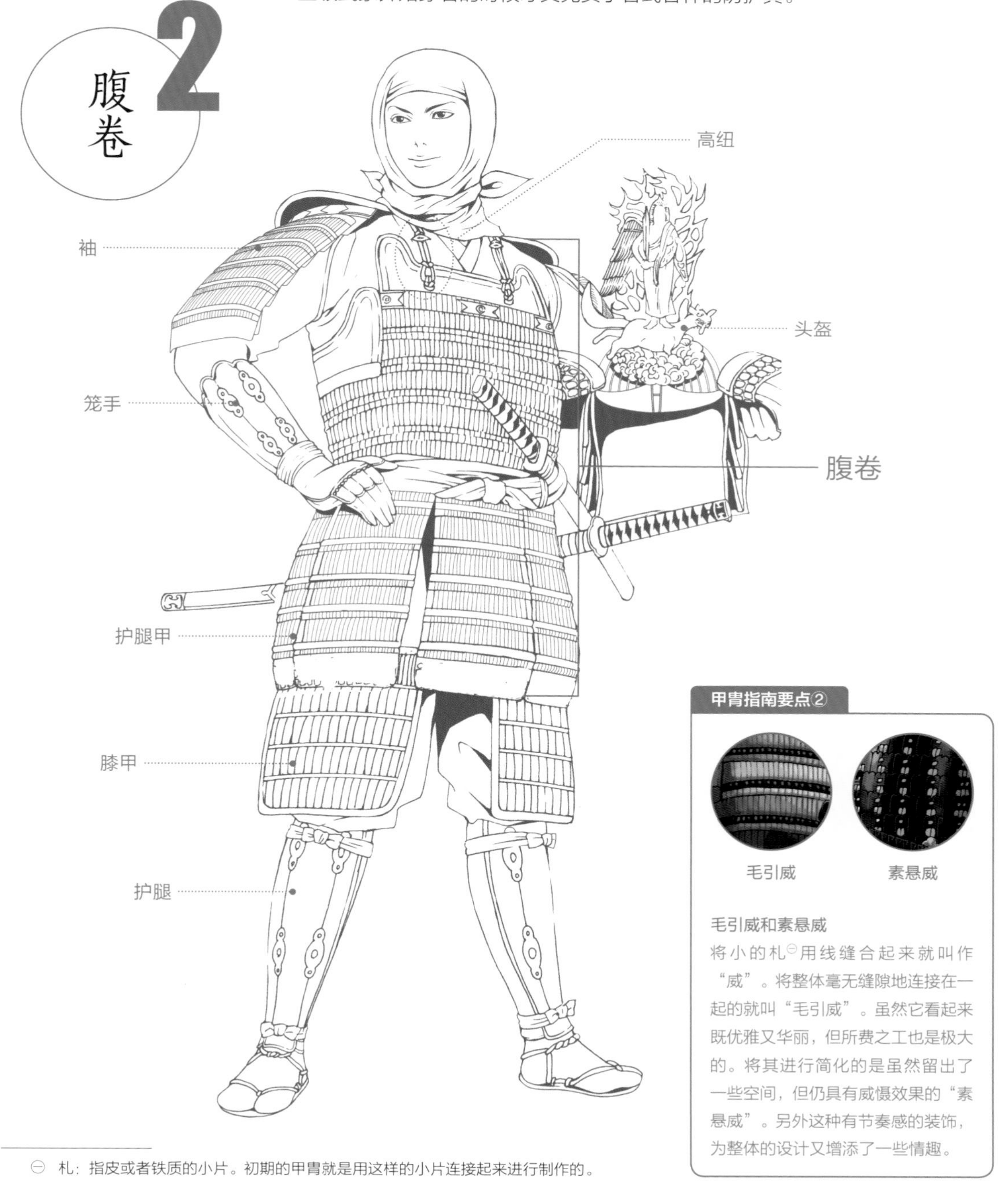

甲胄指南要点②

毛引威　素悬威

毛引威和素悬威

将小的札[一]用线缝合起来就叫作“威”。将整体毫无缝隙地连接在一起的就叫“毛引威”。虽然它看起来既优雅又华丽，但所费之工也是极大的。将其进行简化的是虽然留出了一些空间，但仍具有威慑效果的“素悬威”。另外这种有节奏感的装饰，为整体的设计又增添了一些情趣。

[一] 札：指皮或者铁质的小片。初期的甲胄就是用这样的小片连接起来进行制作的。

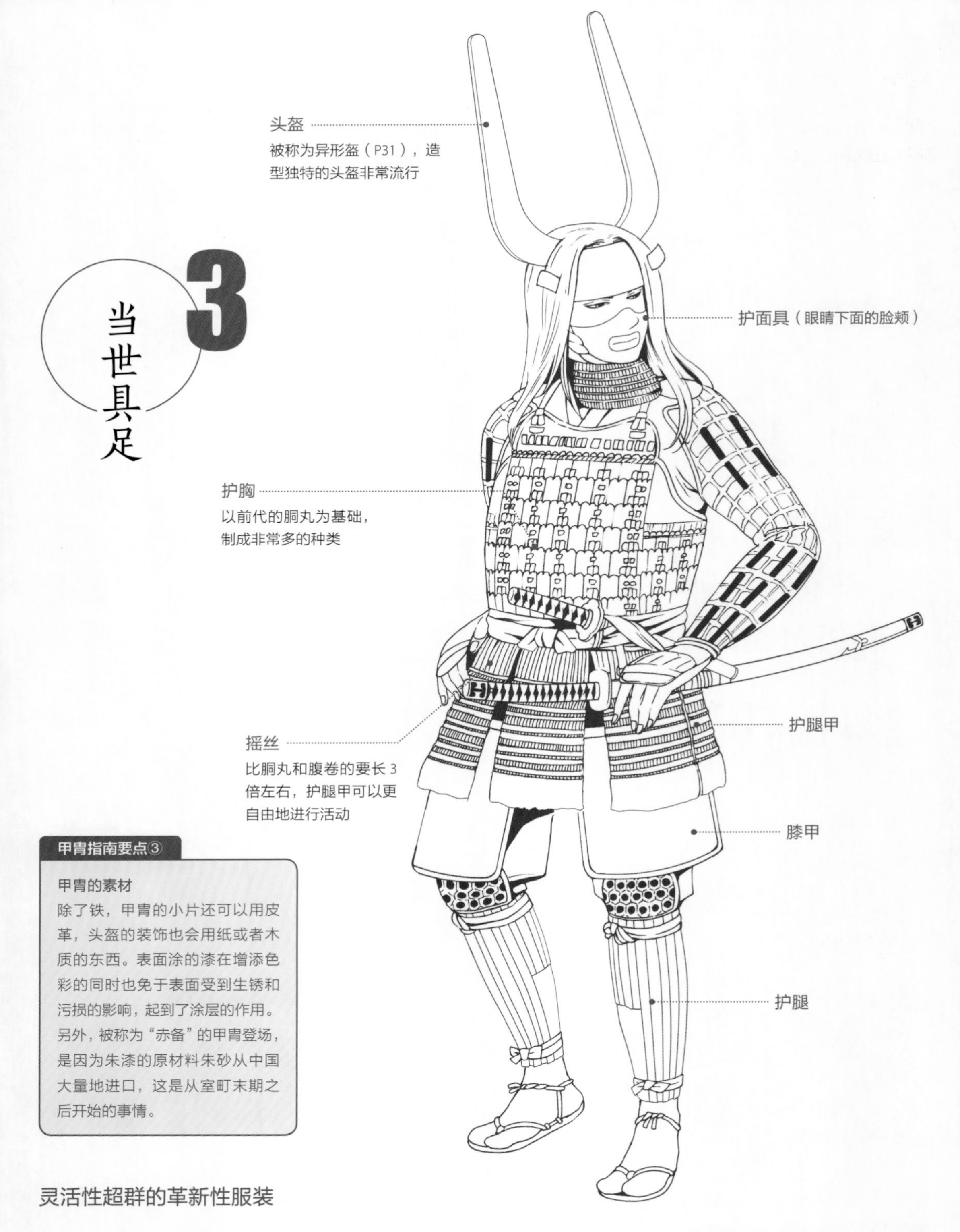

甲胄指南要点③

甲胄的素材

除了铁，甲胄的小片还可以用皮革，头盔的装饰也会用纸或者木质的东西。表面涂的漆在增添色彩的同时也免于表面受到生锈和污损的影响，起到了涂层的作用。另外，被称为“赤备”的甲胄登场，是因为朱漆的原材料朱砂从中国大量地进口，这是从室町末期之后开始的事情。

灵活性超群的革新性服装

“当世”指现代风，“具足”表示具备了所有的一切。具备各种小的防具能够将身体所有的部分都保护起来的新时代的甲胄就是“当世具足”。它是从室町末期到安土桃山时代的主流。

之所以要充实各种小具足，让身体能够完全被覆盖，是因为要对应当时的主力武器枪和铁炮。为了能够方便移动并且实现大量生产，各处都在保证制作简单的前提下又花工夫进行改进。

另外，设计的趣味性也是当世具足的特征。反映了个人喜好、自由且新颖的造型层出不穷。但它不光是奇特或者大胆，而且还考虑了整体的平衡感，毫无缝隙的完成度着实让人惊叹。

当世具足的构成

守护全身的各种小具足。

简单且重量轻，发挥了对枪、铁炮战的优秀的防御能力。

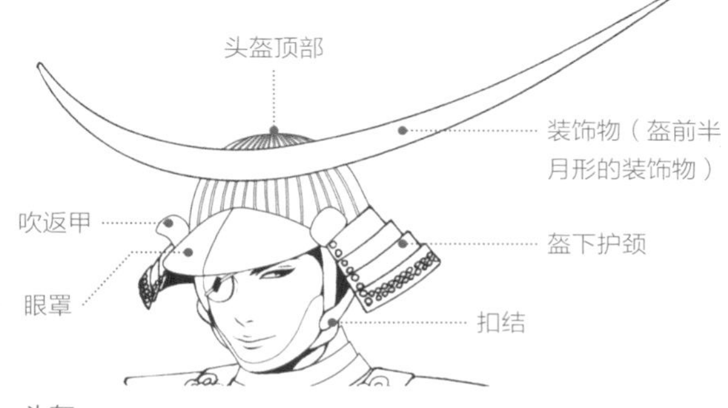

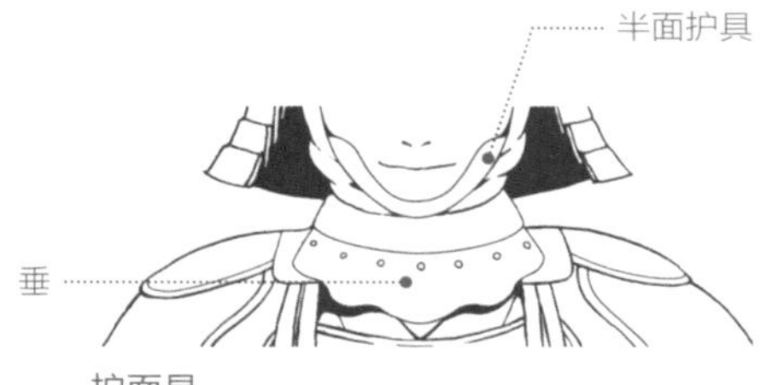

护面具

保护脸部的防护具。有护到下巴部位的（半面护具）、能覆盖到鼻子的（眼下护具）和护住整张脸（总面）的 3 种类型。当时见到了这种护具的“南蛮人”[一]将其称为“恶魔的半面”，就连现在孩子们都会害怕五月节人偶，这也是其中一个原因。

头盔

保护头部，显示威容的重要防具。装饰物是最能体现个性化的地方，可以成为个人的符号，也可以是军内的印鉴。根据立着的位置不同，可以区分为前立、侧立和后立等。

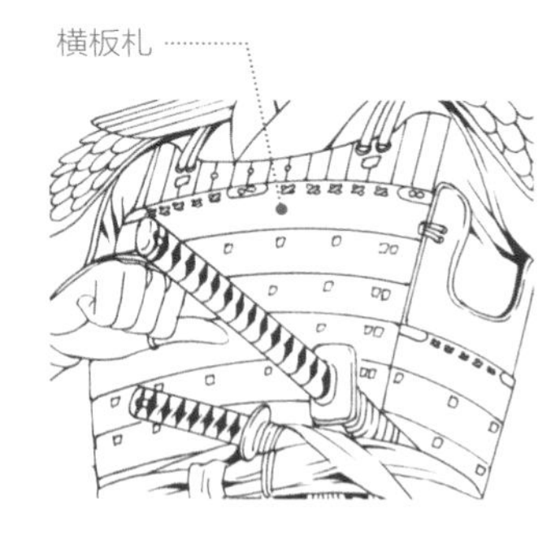

护胸

当世具足划时期的重点就是“木板札”。既节省了将一枚一枚小札拼装缝合的复杂手工，又提升了对枪、铁炮的防御能力。将小札一枚一枚缝起来制作而成的甲胄，都被当作高级品

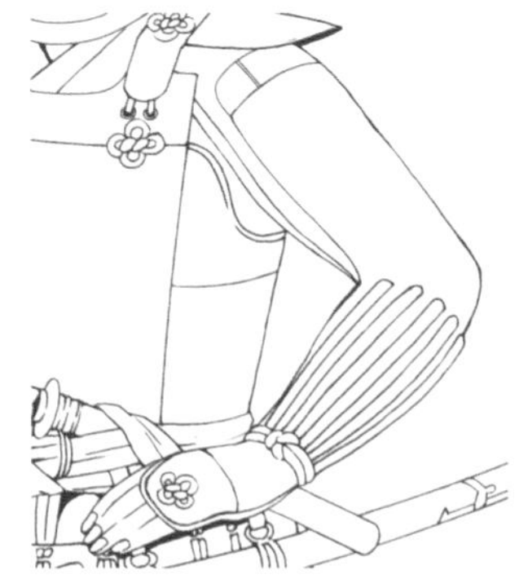

护腕

保护整个手腕的护具。在打底的布料上，用细锁链或者细长的铁板（藤条）等缝制而成。在当世具足中，主要使用的是左右区别开来的笼手，但也有两个笼手连在一起的（P36）。

袖

保护从肩膀到手腕的防护具。与之前的时代相比，简约且小的袖被称为“当世袖”。有的人可能不会使用，它不是必须要装备的。

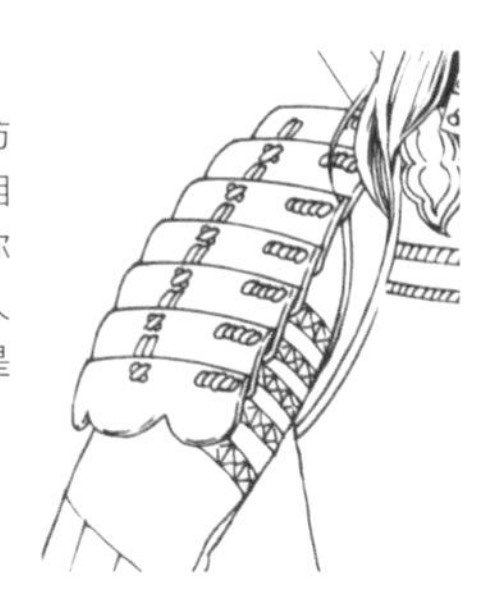

膝甲

护腿甲和护腿之间保护致命区域的护具。就像是将围裙一分为二的造型，也有里面带有被称为“阿伊差”的可以固定在大腿上的皮带的种类。

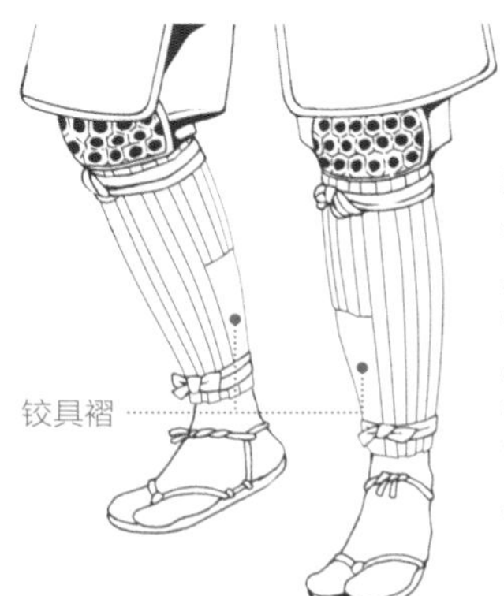

护腿

保护从膝盖到脚腕的防护具。把腿肚子靠下的周边位置挖成四角形，然后用皮革或者布将其填充的叫作“铰具褶”[二]，这是为了在骑马的时候避免与铰具产生摩擦。

㊀ 译者注：室町至江户时代，对东南亚诸国以及通过东南亚来到日本的西班牙人和葡萄牙人的蔑称。

㊁ 铰具褶：马具的一部分。骑马的时候脚放在上面的，吊着“马镫”的带子的扣具。

成为战斗中的华饰！甲胄英姿中引人注目的要点

就像现代军装主要以迷彩为代表，普遍都是要将自己隐藏于周围的环境中，要使用不显眼的色彩和设计，但战国时期的武将恰好与此相反。他们要尽量地把自己装饰得非常夸张，让自己看起来更显眼。但是为什么当时要装饰成那个样子呢？

引人注目的要点 1 阵羽织

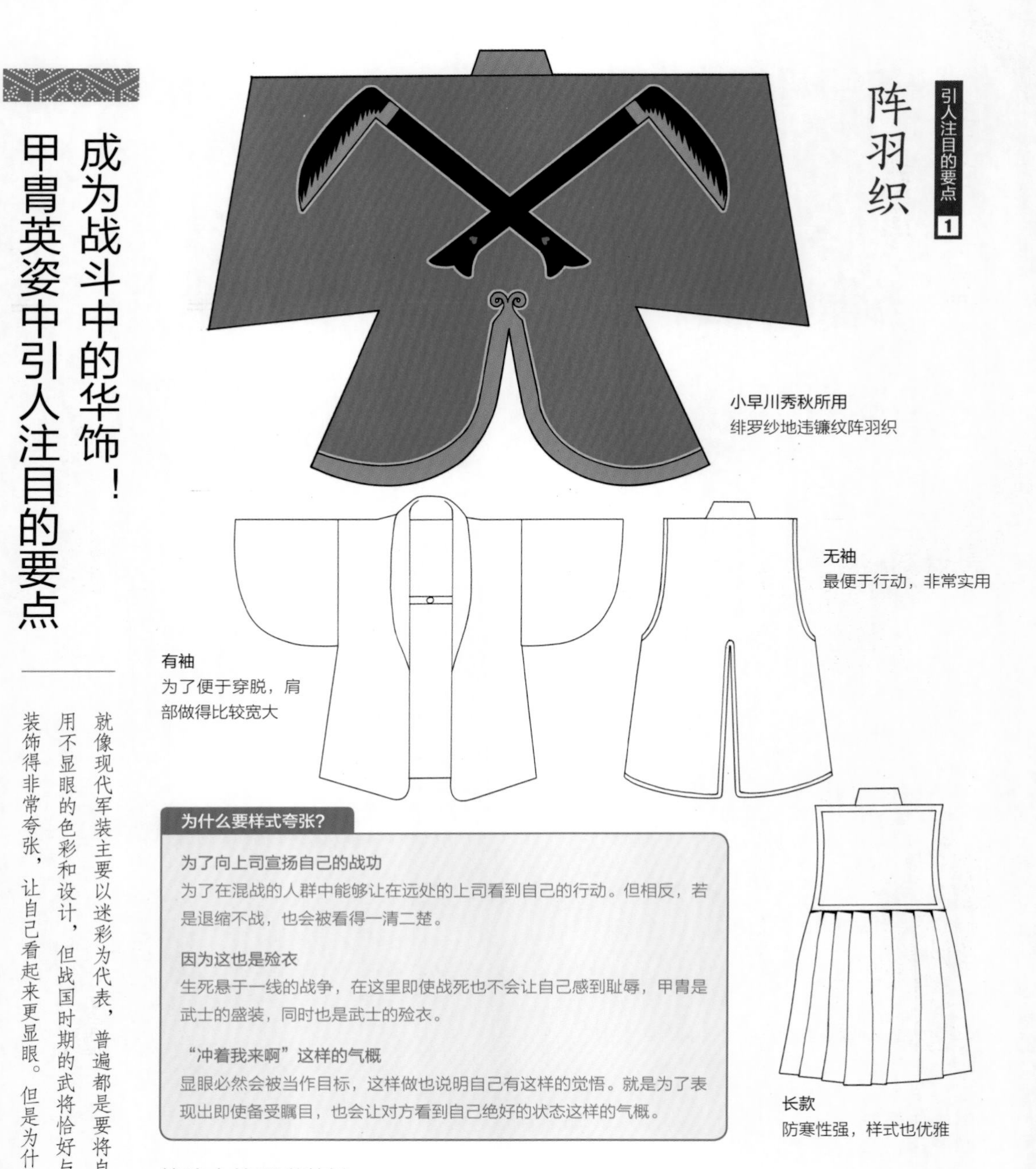

为什么要样式夸张?

为了向上司宣扬自己的战功

为了在混战的人群中能够让在远处的上司看到自己的行动。但相反，若是退缩不战，也会被看得一清二楚。

因为这也是殓衣

生死悬于一线的战争，在这里即使战死也不会让自己感到耻辱，甲胄是武士的盛装，同时也是武士的殓衣。

“冲着我来啊”这样的气概

显眼必然会被当作目标，这样做也说明自己有这样的觉悟。就是为了表现出即使备受瞩目，也会让对方看到自己绝好的状态这样的气概。

战阵中的洒脱装扮

阵羽织正如其名，是在战场上穿着的羽织。除了防寒、防雨等实用性之外，它还有能够引人注意，宣扬自己所在的作用，在相互竞争中被缝制得更加华丽了。

虽然没有固定的样式，但大体上分有袖、无袖和长款这三种类型，在其中会出现一点点进行变化的设计。在当时的武将中最具有人气的是被称为“绯罗纱”的，它是用猩红色将进口布料染色的罗纱。另外，我们还将皮革、鸟类的羽毛等进行提炼。所以即使是比较奇怪的原材料，但也会积极地去改良它。在安土桃山之后的阵羽织中，时不时地会看到立领、纽扣、褶皱，以及下摆的滚边等样式，这些被认为是受到了人气很高的“南蛮”装束（P59）的影响。

从镰仓时代到室町时代中期有“毛引威”（P27），将护胸和袖的表面用带有颜色的线进行装饰的铠甲是主流。如果将其切换为当世具足，为了让配件更简易化的同时，自己的眼光也更加本地化了，在这样的情况下，可能会有更多的人喜欢这种潇洒的穿着。

大胁立
绝大多数尺寸巨大

大水牛胁立
比较合乎规范

燕尾形
燕子尾巴的造型

猫头鹰耳形
并非猫耳

兔形
可爱到让对手不忍下刀

海螺形
外形不明所以

人随盔而变

在穿上甲胄之后最引人注目的就是头盔。从像鬼神一样充满压迫感的头盔，到让人看到后无法憋住笑的头盔，其设计实际上是自由且富有创造力的。

头盔上立着的装饰，古时仅是大将级别才能用的，设计式样也基本是定型的。到了室町时代后期，下级的武士阶层将其作为一种符号也开始使用这种立着的装饰了，这样一来就可以见到反映各自喜好的各式各样的装饰。

在甲胄被当世具足代替的时候，还不仅有奇怪的立饰，变形为钵一样造型的立饰也登场了，这就是“多变的头盔”。无论哪一个的造型都很大胆，从尺寸而言也都大到不可思议的程度，还有很多是用纸、木或者皮革等轻质材料制作的，实际的重量并不像看起来那么重。

从现代人的角度来看，这里面有太多不可理解的地方，当时的人们是怎么想的会做出这样的造型，但实际上大家都是非常认真严肃地以此作为一种和信仰相关的，像是迷信一样地去祈祷战功的物品，每一个造型都有它的深意。

旗指物㊀

引人注目的要点 3

在背后插着“二本曲木”的武者
在后背的受筒中插入旗子。所谓的“曲木”指的就是像弯曲的木头一样插着的旗子

母衣笼
装在母衣当中用来定型的东西。会使用竹或是鲸的胡须制作，编织方法各式各样

穿着母衣的武者
像是气球一样膨胀的袋状指物。因为它非常显眼，所以插着它也代表着一种荣誉

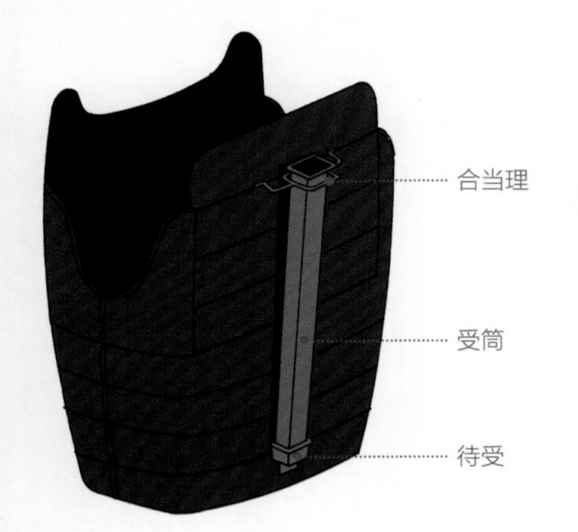

指物的插入方法
将用来插旗杆的受筒插入待受中，通过合当理进行固定。这是当世具足中一定会有的一个部分

旗帜是男人的生命与骄傲

在几万人混战的战场，一眼望去就能区分敌我的标志就是旗指物。在战场上各色旗帜成排飘扬的样子，就像是运动会或者暴走族的集会一样（在街头混混和战国武将的审美中，是有相似部分的）。从基础款的竖旗，到像扇子或者伞状等奇特造型的旗子，有各式各样的设计，然后随着数量的逐渐增长，旗指物也进化得越来越醒目，越来越华丽，越来越大。

重要的是，旗指物不仅仅是一个标志。写有自己的名字、骄傲、誓言的旗指物若是被打倒或者被抢走，这就是巨大的耻辱。

㊀ 旗指物：古代武将背上的靠旗。

旗指物的种类

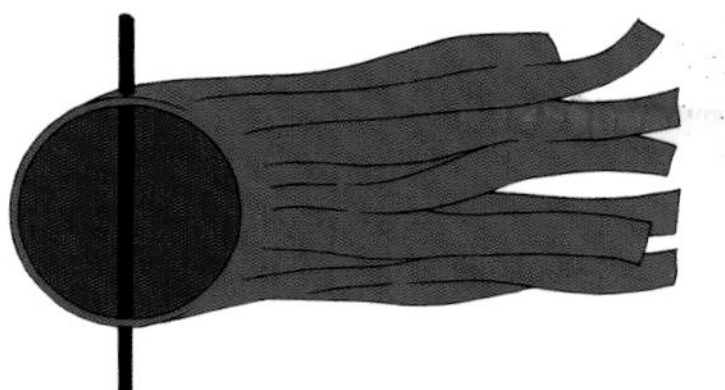

飘带

和粘在鲤鱼旗顶端的东西是一样的形状。经常用在马标上。

四手笠

伞盖周边带有四手（指粘在稻草绳上的纸）的种类。

三日月

月亮是在头盔的立饰中最常用的造型。

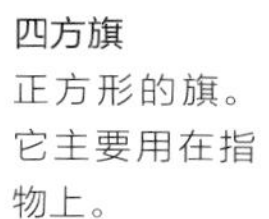

四方旗

正方形的旗。它主要用在指物上。

团扇

就是团扇的形状。有红色、金色等各种色彩。

鸟毛团子

将鸟的羽毛制作成圆形的种类。

幡旗

和神社中用于祭祀的道具是一样的形状。

幟旗

旗子的侧面和上面会固定在竿上，形状为长方形的旗子。小一些的幟旗还会被当作指物使用。

旗指物的使用方法

从大的角度进行分类的话，旗指物可以分为“代表团体的”和“代表个人的”两种。

旗印（团体）

在大本营中立着的旗帜。为了宣扬军队的威容，会树立起很多这样的旗帜。大的旗帜甚至会以 2~3 人为一组来拿着

马标（个人）

立在大将骑的马的旁边。因为它表示大将所在的位置，所以在设计上会既大又华丽。马标是在旗指物中最不希望倒下的旗帜

指物（团体、个人）

各自背在身后的旗帜。当其作为一种符号在集团中统一使用的时候被称为“番指物”，当有了战功作为一种奖赏的话，插上一支自由设计的指物也是会得到允许的

母衣（团体、个人）

它是指物的一种，造型看起来就像是一个很大的袋子。大多数被称为“使番”，是在战场上负责传递军令的人在身后插着的旗子，即使在织田信长的军队中，也有一支既是使番又是亲卫队的叫作“赤母衣众”“黑母衣众”的精锐队伍。骑着战马奔跑的时候它会由于风的作用鼓起来，即使停下来也不会瘪下去，因为里面有一个笼状的东西在支撑着

战阵中的道具

1 刀

就像是战国武士的内心一样，『不曲不折』就是好刀。

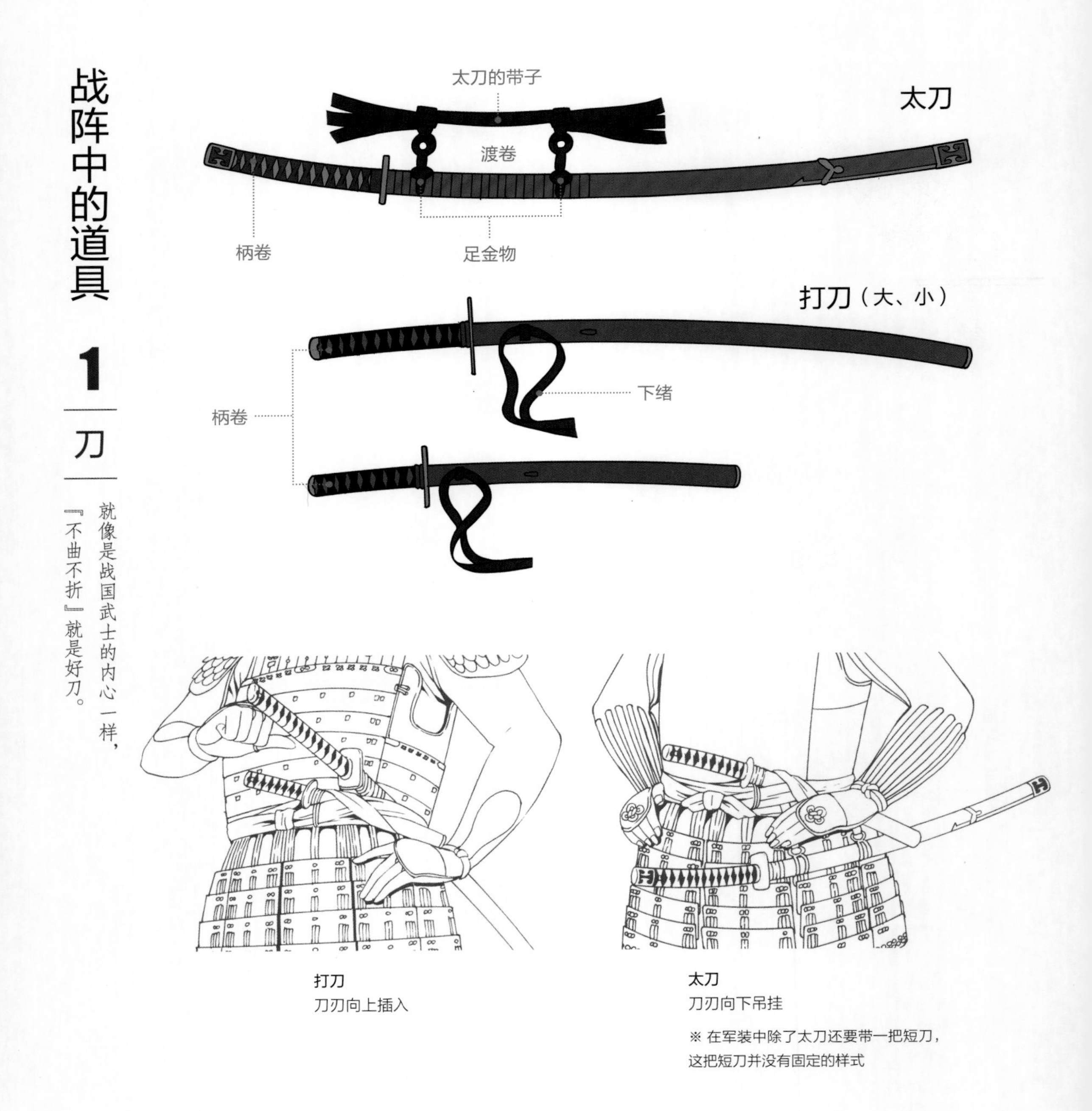

打刀
刀刃向上插入

太刀
刀刃向下吊挂

※ 在军装中除了太刀还要带一把短刀，这把短刀并没有固定的样式

太刀需佩戴，打刀要插戴

在交战中使用的武器各式各样，但刀几乎是全员都必备的标准装备，也是被称为“武士之魂”的特殊道具。刀作为美术工艺品也有很高的价值，即使在海外，“武士刀”也是极具人气的一件物品。

太刀会通过刀鞘上的绳子吊挂在腰部，这就是“佩戴”。在战国时代，拥有太刀的仅限于大将级别的武士，它是一种展现威严与身份的物品。在刀柄和足金物的前后，会卷着丝线或者皮革，一方面握柄会更上档次，另一方面也能防止刀鞘与铠甲摩擦产生伤痕。在举行某些仪式的时候，为了搭配礼服会佩戴装饰得更豪华的太刀。

太刀有着强烈的“增强气势”的意味，与此相对，打刀是一般被广泛使用的刀。打刀不像太刀那样吊着，而是将刀刃向上直接插入腰带中。在安土桃山时代以后，开始流行腰间插入大、小两支打刀，也有好多打刀开始用红漆或者金银来装饰得更加豪华。

如果还是区分不开太刀和打刀，记住“太刀→凸面（刀刃）向下 / 吊挂”“打刀→凸面向上 / 插戴”就好。

2 指挥系的道具

就像是交响乐中的指挥棒一样，它是大将挥舞的道具。其中还包含着对战争胜利的祈祷。

麾

比起实用性，以正威仪的意义更为强烈。杖顶会贴着剪成细条的纸，也有贴牦牛毛的类型。

军配团扇

有一个很有名的故事，就是在川中岛的战斗中，武田信玄用手中的军配团扇挡住了从马上砍下的上杉谦信的刀。从对战争胜利的祈祷和信仰出发，可以看到很多的军配团扇上画着的都是太阳或者月亮，或者写有吉凶的日历表等。

军扇

主要的图案：正面是太阳，背面是月亮。日本流传着一个故事，是发生在大阪冬之阵的战斗中的一个小插曲，真田幸村看到了敌军松平直政精致的战斗装束，将自己的军扇扔给了他以示赞赏。

3 与信号相关的道具

在战斗中使用的能『发出声响的』各种道具。除了传递信号以外，也有提高士气的目的。

阵太鼓

它能发出摄人心魂的大音量。除了鼓上面插一根粗棒子以便 2 个人来抬的大型太鼓以外，还有一种是 1 个人可以背得起来，装在木框里的小太鼓。

阵贝

它就是海螺，与修行的僧人所拿着的相比基本没有什么差别。在歌舞伎中它还经常被用来营造战争场面的声效。

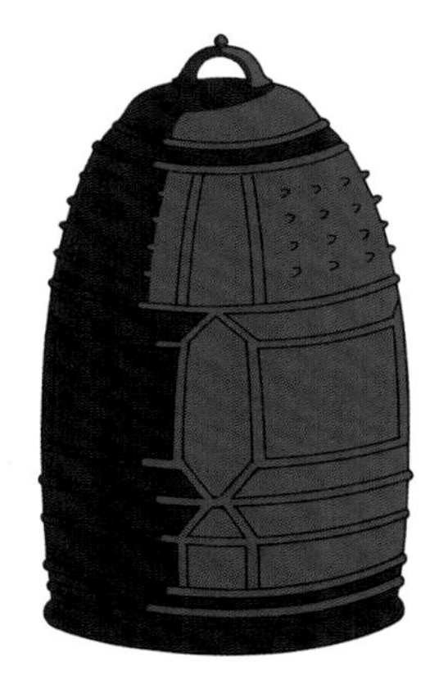

阵钟

外观看起来和大的吊钟没什么区别，在战斗中使用的是可以 2 个人抬起来的一种。一旦钟声响起，那一定是发生了什么事情。

当世具足的穿着方法

1 穿兜裆裤，要拉到胸部位置。

2 穿内衣。筒袖的样式更利于活动。

3 穿裙裤。

4 穿短布袜和草鞋，绑好护腿。

5 穿膝甲

6 戴护腕。如果指贯笼手是两只手连在一起的类型，要在穿护胸之前戴好。

指贯笼手

7 穿护胸。有胁曳的情况下，要先穿好。

胁曳

保护胸部与腋下空隙部分的护具。挂在肩部。

8
系上带。系的位置稍微向上一些，
可以减轻挂在肩上的护胸的重量。
9
穿袖子。
10
插入腰刀，佩戴
太刀。
11
扎头巾，戴面具。
要一点一点上紧。
12
戴头盔。
13
拿上武器，插入背
旗，完成。出战！
夜露死苦

足轻㊀的装备

右：头带 / 筒袖 /
护腹甲 / 四幅裤裙 /
裸足 / 打刀 / 枪

左：草笠形盔 / 护胸 /
护腕 / 筒袖 / 股引㊁ /
绑腿 / 草鞋 / 兵粮袋 /
打刀 / 铁炮

从临时雇佣变为正式雇佣，足轻是军队的主要战斗力

右图是到室町时代后期，左图是安土桃山以后的足轻的样子。

右图中的足轻穿着的是被叫作“腹当”的极其简单的护腹甲。普通的护腹甲会连后背都围起来，但这种只能护住前侧。因为它很轻便，即使上级武士也会将其当作轻式武装穿在衣服下面。在头带中，有被称为“额当”的带有熟皮或是金属片的种类。

一开始，当每次出现战争的时候，会召集百姓或者浪人来作为兵力，但是在战火频发的战国时代，每次都这样召集的话是一件非常耗神的事情，因此安土桃山以后，各大名家会组编一支严谨且有组织性的足轻部队。因为要集体行动，所以大名会准备好统一装备的设计品，然后借给足轻。足轻一方就称之为“御借具足”，大名一方称之为“御贷具足”。扛在肩上的是兵粮袋。他们会将米按照一次份的量分别进行存放，存入灌肠形状的布袋，然后各自斜跨或缠在腰间进行运输。米一般按照 1 天 5 合的标准进行供给，但也有因为对战斗的紧张与恐怖感，而一次性都全部做熟然后做成白酒的人，所以没有办法大量地配给，而是隔几天进行一次分发。

㊀ 足轻：日本中世以来的杂役、步兵。日本南北朝时代动乱前后出现，战国时代组成扎枪队和火枪队。江户时代处于武士最下层。

㊁ 股引：日本传统裤装。日式细筒裤。

铠直垂㊀

优雅华丽、复古风的铠下

所谓“铠下”，正如其名，就是穿在铠甲下面的衣物。从镰仓到南北朝时代，铠直垂就作为铠下穿着。曾经是武家的日常穿着——礼服的直垂（P42），为了在战场上能够灵活移动，还改得更为修长。

进入战国时代后，为了搭配当世具足，铠下也成为既具备性能且简约的服装。后来虽然没有必要再穿铠直垂了，但是大将级别的武家还是想修正自己的威仪，所以也有特意穿上古代风格装束的场合。“在德川家康三方原战役画像”※中所穿着的就是这种铠直垂。

在普通的直垂中，有把扣子缝为“8”字之后组成菊花花瓣的装饰，铠直垂将扣子取消而改为流苏，表现出了华丽感。头上戴着的引立乌帽子，有些是直接将头盔戴在上面，或者是较柔软的乌帽子，用头带来进行固定。顺便提一下，戴头盔的时候，有些人会将头发全都收到乌帽子中，但也有散着头发的人。

※1572年，在三方原一战中，家康与武田信玄的一战以失败结束。为了自我警戒，他让人画了当时自己的肖像画。从其一脸不高兴的表情中，将家康的心态用写实的方法传递了出来。

引立乌帽子 / 铠直垂 / 小袖 / 弓护腕 / 射箭用皮手套 / 铠直垂裙裤 / 绑腿 / 皮袜

㊀ 铠直垂：穿在铠甲下面的衣服。

专栏①

忍者穿什么?

插图：内田慎之介

在战国时代，各大名家都有雇佣的进行隐秘行动的专业集团，那就是忍者。根据地方不同，忍者还会被称为“奸、乱波、透波、草”等，他们主要从事信息收集和一些谍报（间谍行为）。将“堂堂正正”作为信条的武家会轻蔑地说他们“做法很阴暗”，但即使这样，忍者凭借其强大的战斗力也是无法或缺的。但是，本书并没有设置“忍者”一章。这也是因为并没有忍者的定式服装。

忍者的工作服基本上就是便于活动的农作时穿的衣服。颜色除了不显眼的柿子色，还有蓝色的，据说蓝色还有驱赶虫子和蛇的功效，一般平民百姓也很喜欢（与在南美为驱虫而穿的蓝牛仔很像）。必要的时候忍者还会用六尺手巾将面部遮挡。另外，根据工作的内容和环境，忍者会穿容易融入周围的服装。“七方出”就是 7 种的变装。

卖货的“商人”，变戏法等的街头艺人“放下师”，能役者的“猿乐师”，流浪僧人的“出家人”“虚无僧”，作为修行者而去各地云游的“山伏”，还有一般的普通的穿着……这些都会在 P78~P83 向大家介绍，大多都包含在许多老百姓的服装中。这一页中的人物究竟是谁，说不定就是鸣人或者乐高忍者呢。

从明治时代的讲谈本开始，在漫画、电影等作品中，忍者被画成各种形象。黑装束是为了“最好不要被看见”，据说和歌舞伎的黑子的衣装还有关系。另外还有一种印象是“忍者穿网衫”，漫画中画锁帷子（用编织极细的锁链制作的内衣，就像是防弹衣一样）的时候，简单地画出了网格的样子，我认为也是一种误解，有不少都是根据虚构的样子制作出来的。

随着时代的进步，战乱减少，忍者也失去了自己活跃的舞台，逐渐消失在历史的角落中。即使现在还有好多关于忍者的未解之谜，仅仅在这些迷当中就有很多传奇，存在各种不可思议的想象。

伊贺（三重县）的忍者也穿过！？伊贺袴裙的制作方法请参照 P56・P97

直垂

折乌帽子（顶头悬）/ 直垂 /
小袖 / 直垂裙裤 / 太刀 /
裸足穿草鞋

高级武家的工作用套装

对于高级武家来说，相当于商务套装的就是直垂。直垂虽然是当时武家的代表性服装，但之前其实也经过了很长的一段历史。

它的起源是在平安时代普通百姓当作礼服来穿的水干。所谓水干，大家若想象成是“牛若丸穿的衣服”，可能会更好理解一些，就是用立领将脖子围成一个圈（＝圆领）的衣服。从平安末期左右，武士开始将它作为日常服装穿着。在大铠㊀的铠下（P39），经常会用到水干。进入镰仓时代，水干的圆领被折下来，变成了垂领㊁，这是直垂真正的开始。之后到了室町时代，连公家都开始穿着，意味着它的高等级化。在室町末期，它固定成为高级武家用的礼服。

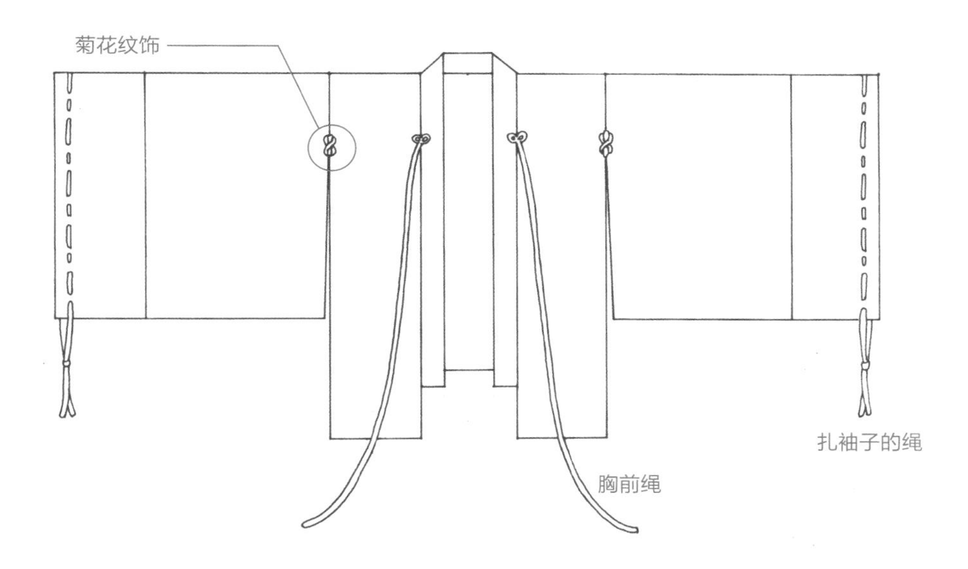

从普通百姓的服装变为上层阶级的礼服，在这个进化的过程中，细节部分的设计一点一点在发生变化。在战国时代它其实还在变化，与其搭配的乌帽子和裙裤的式样还没有定型。但是明确固定下来的是：①衣襟的左右有胸前绳。与衣身相连的绳结是心形的。②“8”字形的菊花纹饰在上衣中有五处（前2后3）。③裙裤在原则上要用和上衣同样的布来制作。腰绳须为白色。

上衣的下摆要扎入裙裤中。战国时代基本上是裸足。当要进入室内时，需要把太刀取下。

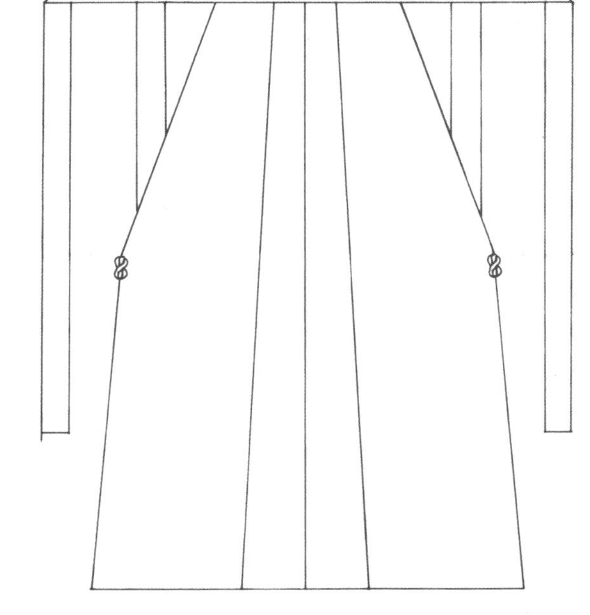

※ 当时对裙裤上的菊花纹饰数量尚未有规定

㊀ 大铠：五月人偶常穿着的铠甲，常见于平安—镰仓时代。

㊁ 垂领：像和服的衣襟似的在前侧合在一起的衣襟。

大纹·素襖

素襖

抹茶刷发髻 / 素襖 / 小袖 / 素襖裙裤 / 腰刀 / 扇 / 裸足（室内）

大纹

侍乌帽子 / 大纹 / 小袖 / 大纹裙裤 / 腰刀 / 裸足（室内）

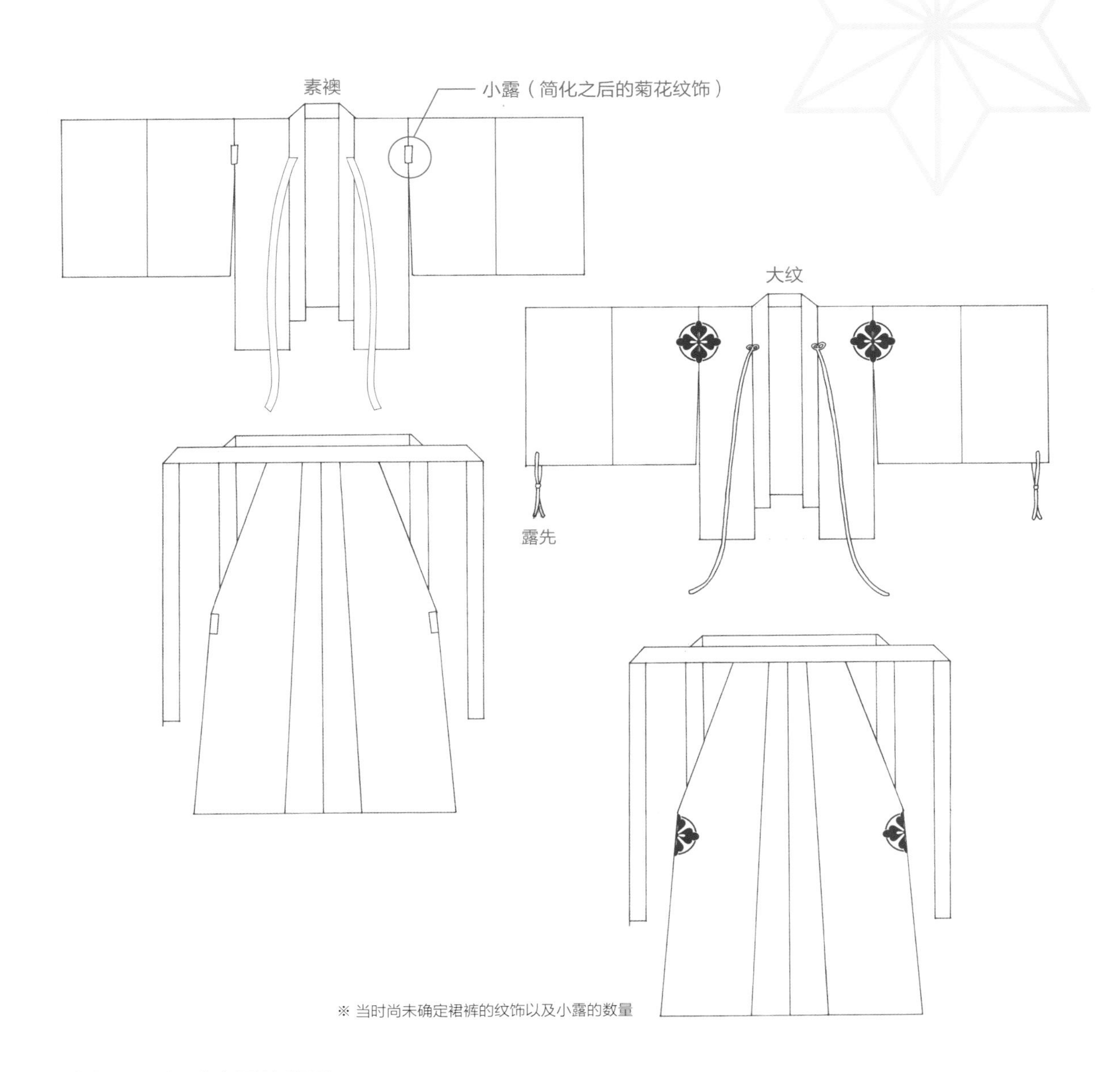

※ 当时尚未确定裙裤的纹饰以及小露的数量

中级～下级武士用的直垂

当直垂的地位逐渐上升，穿着也要受到身份限制的时候，为了与此对应而产生的就是大纹和素襖。从室町时代开始，直垂在制作时开始使用丝绸的棉夹衣㊀，但大纹和素襖在制作时使用麻的单衣㊁。中级～下级武士把它当作日常的衣服来穿着。

大纹，正如其名，它的特征就是衣服上有很大的纹饰。直垂上有菊花纹饰的地方，在大纹上染印的是家纹或者旗印。扎袖子的绳子并没有露在外面（被称为笼括），只有露先露在外面，直垂后来也变成这样的设计。

素襖的制作方法更加质朴，菊花纹饰由带状的皮绳替代，裙裤上的腰绳不是白色的，用的是和裙裤一样的布料。素襖上没有扎袖子的绳子和露先。

穿着方式基本上和直垂一样。大纹会搭配侍乌帽子，素襖的话是露顶，其实在战国时代并没有特别的规定。

㊀ 棉夹衣：指有内衬的由两块布组成的衣服。

㊁ 单衣：指没有内衬的由一块布组成的衣服。

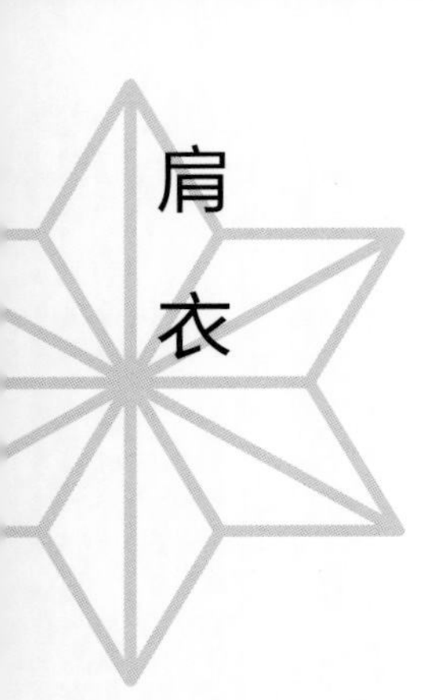

肩衣

抹茶刷发髻 / 肩衣 /
内穿小袖 / 裤裙 /
裸足（室内）

简单且活跃着的，新的日常服饰

从素襖中把袖子去掉后就是肩衣。据说其原型是很久以前普通百姓劳作时穿的衣服，也有一种说法是武家也曾经穿过这样的衣服。比起讲求规矩又不方便活动的素襖，轻快又便于活动的肩衣应该更符合战国武士的需求和期望，我想这难道不是它的源起吗？在室町末期，肩衣成为武家的日常穿着，而素襖则变为礼服。

因为没有袖子，所以可以看到里面穿着的小袖，正因为是在小袖可以当作外套来穿的战国时代，所以可以说这也是一种时尚的穿搭方式。后来它又进化为江户时代的上下身礼服。

它与上下身礼服的不同之处：①肩部没有特别向外突出。上下身礼服中加入了鲸须，横向比较突出，而肩衣并没有那么夸张。②前侧重叠扎入裙裤中。上下身礼服的前侧并没有重叠起来，而是保持平行的状态。

因为肩衣属于过渡期的服装，所以样式也并没有完全确定，而且是以素襖为基础的，所以材质基本以麻为主。裙裤使用的是和肩衣相同的布料，在一般情况下头部也是什么都不戴的露顶状态。

肩衣

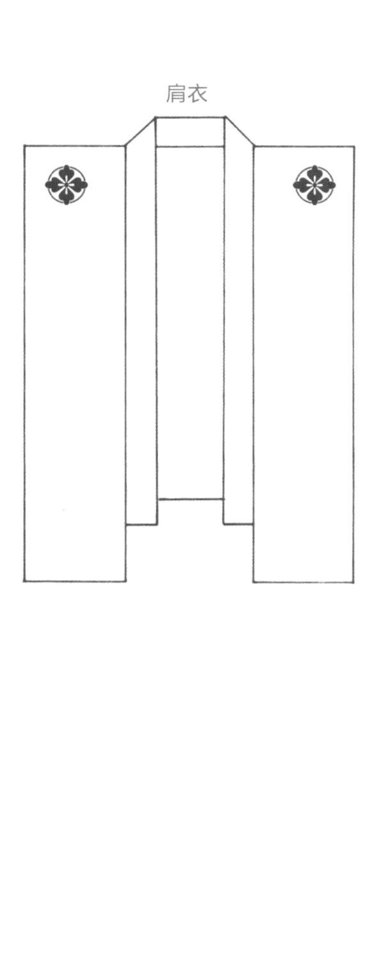

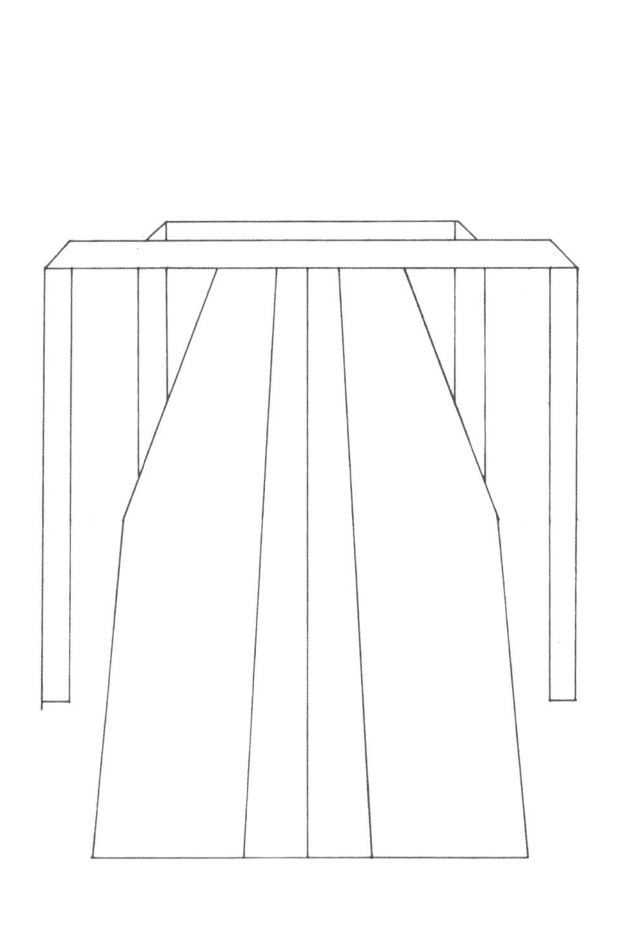

胴服

抹茶刷发髻 / 胴服 /
内穿小袖 / 裙裤 /
裸足（室内）/ 扇

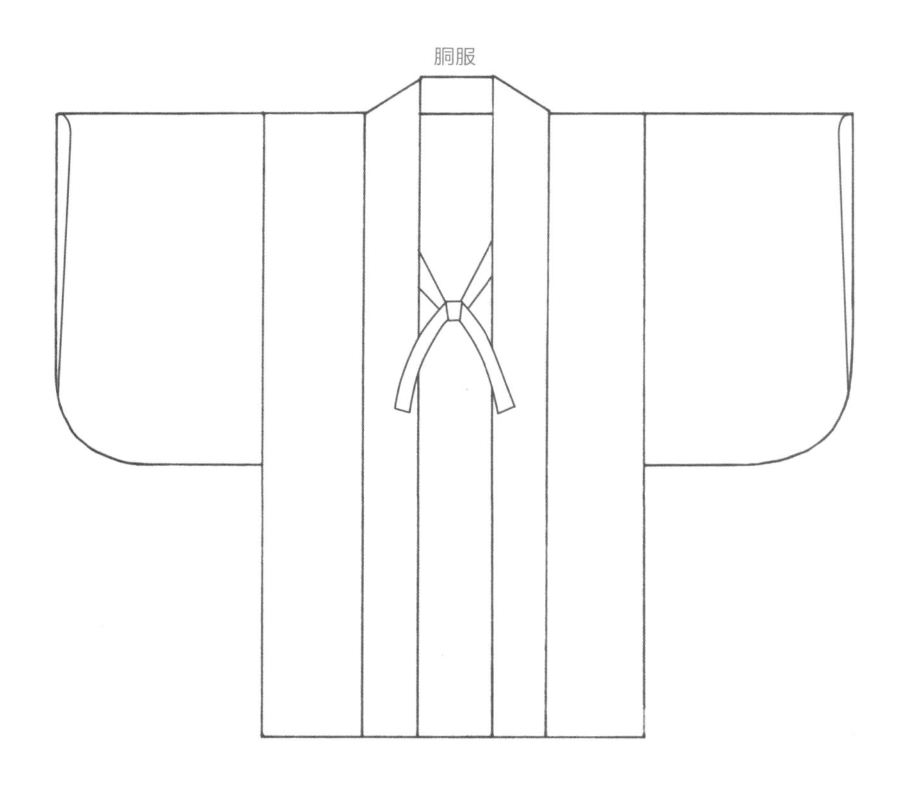

豪华精致的外衣

如果把“小袖＋裙裤”想成是“衬衫＋裤子”的话，胴服就是类似于开衫的衣服。外出的时候在小袖的外面披上一件外衣，这种以小袖为中心的风格就形成了，在此之上就产生了胴服。除了武家喜欢穿以外，富裕阶层的商人们也喜欢穿。

因为是披着穿的衣服，所以与小袖不同，它的袖口开口很大。衣襟的开口比普通的衣服要稍宽一些。它对材质并没有特别的规定，但是作为当时武家的心头所爱，锦缎㊀、绸缎㊁等华丽的布料常常被选用。虽然确实有点儿暴发户或者坏人的感觉，但是确实是这样的。也有很多是加入丝绵来高价制作的，但那样的话比起年轻人它更适合上了些年纪的人。

另外，作为服装的基本礼仪，必须要穿合身的衣服是对身份比较低下的人的要求，如果是身份高的人，不管穿什么样的衣服，也不会惹怒其他人，从这一点来说现在也是这样的。这种胴服并不是正装，是在便装上披着穿的衣服，不管怎么说还是属于个人日常的服装。可以说它是只允许上流阶层穿的轻便又美观的衣服。

㊀ 锦缎：是指用金丝银线织出花纹的布料，外观非常华丽。

㊁ 绸缎：像缎子一样光滑且富有光泽的布料。和锦缎同属绢织物。

狩猎装束

绫兰笠 / 拉弓护腕 / 射箭皮手套 /
绑腿布 / 铠直垂 / 小袖 /
铠甲直垂裙裤 / 绑腿 /
皮质短袜 / 草鞋 /
腰刀 / 太刀 / 弓

即使是骑马时的样子也要时髦酷炫

这是大老爷鹰猎等外出时候的样子。现在在骑射等活动中也能够看到镰仓时代狩猎时的装束，在此处会将狩猎装束分解成几大部分，试着加工成为战国时代的风格。

腰中绑着的是在骑马时保护下半身的绑腿布。它和在西部影片中牛仔绑着的皮质护裤是完全一样的，通常都是用鹿的毛皮做成的，据说喜欢精美且华丽的人还会用虎皮或者豹皮来制作。像护臂一样的是拉弓护腕，它为了不妨碍人们拉弓而系在左腕上，在某些袖口上还设计了能够挂着中指的绳子。最后还有防止阳光晃眼的斗笠。绫兰笠虽然样子比较奇怪，但它是一顶能够灵活应对男性发型的便利的斗笠。例如，对于发髻是在头上向上直立的人来说，上方突起的部分可以对发髻进行整理；假如那个人的发髻是向后伸出的话，由于斗笠是可折叠的，所以还可以随时把发髻放到其中。下身穿着的，是将袖和下摆集中在一起又方便活动的铠直垂（P39）。在一般情况下，关键部位会有流苏，此处仅仅是普通又简约的胸前带。

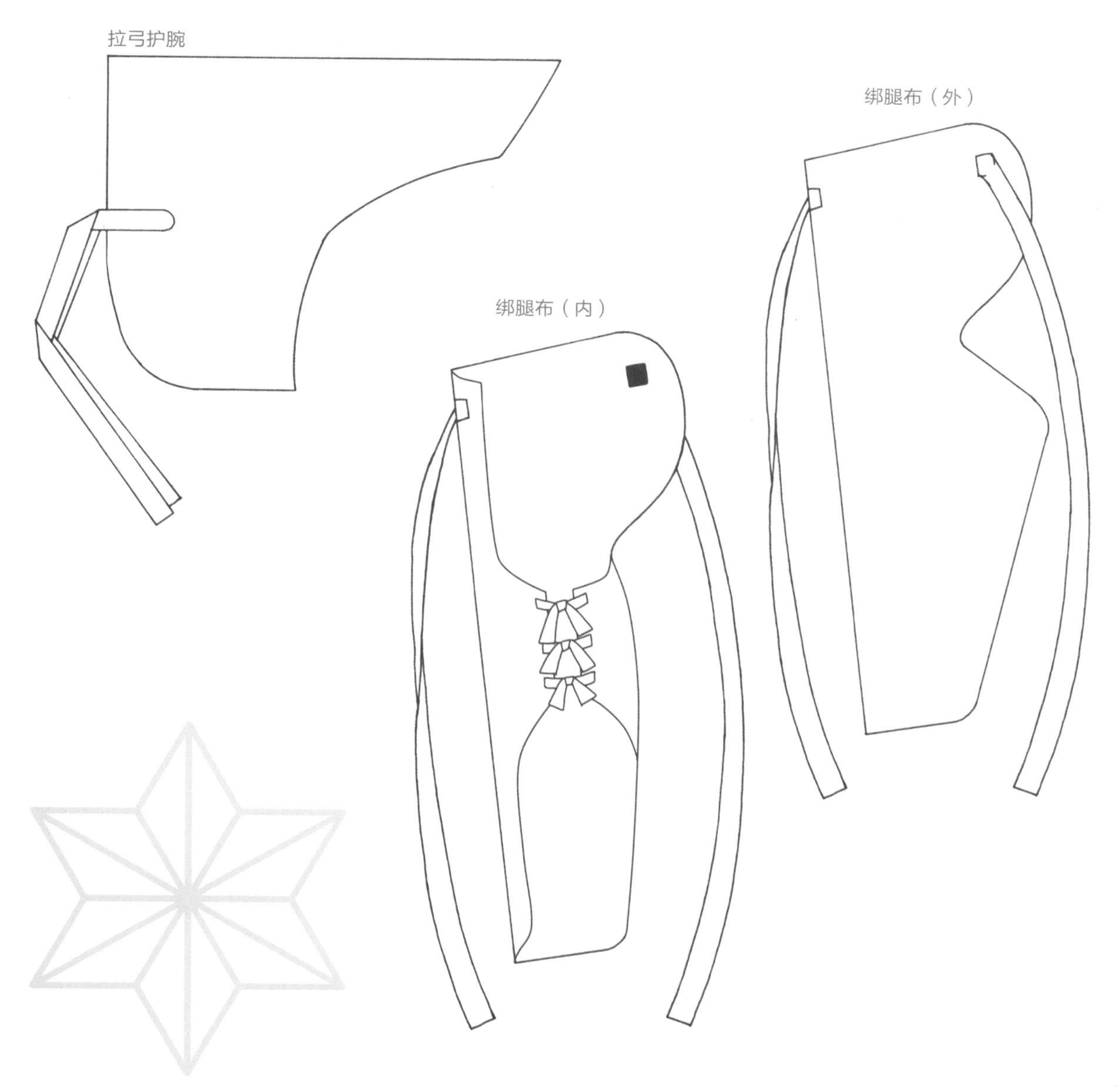

束带

冠 / 缝腋袍（下面有半臂 / 下袭 /
头巾：有时也会被省略 / 单衣）/
平扣（下面是石带）/ 太刀（仪式用）/
外裾裤（下面是大口裾裤）/
浅沓（下面是袜子）/ 笏

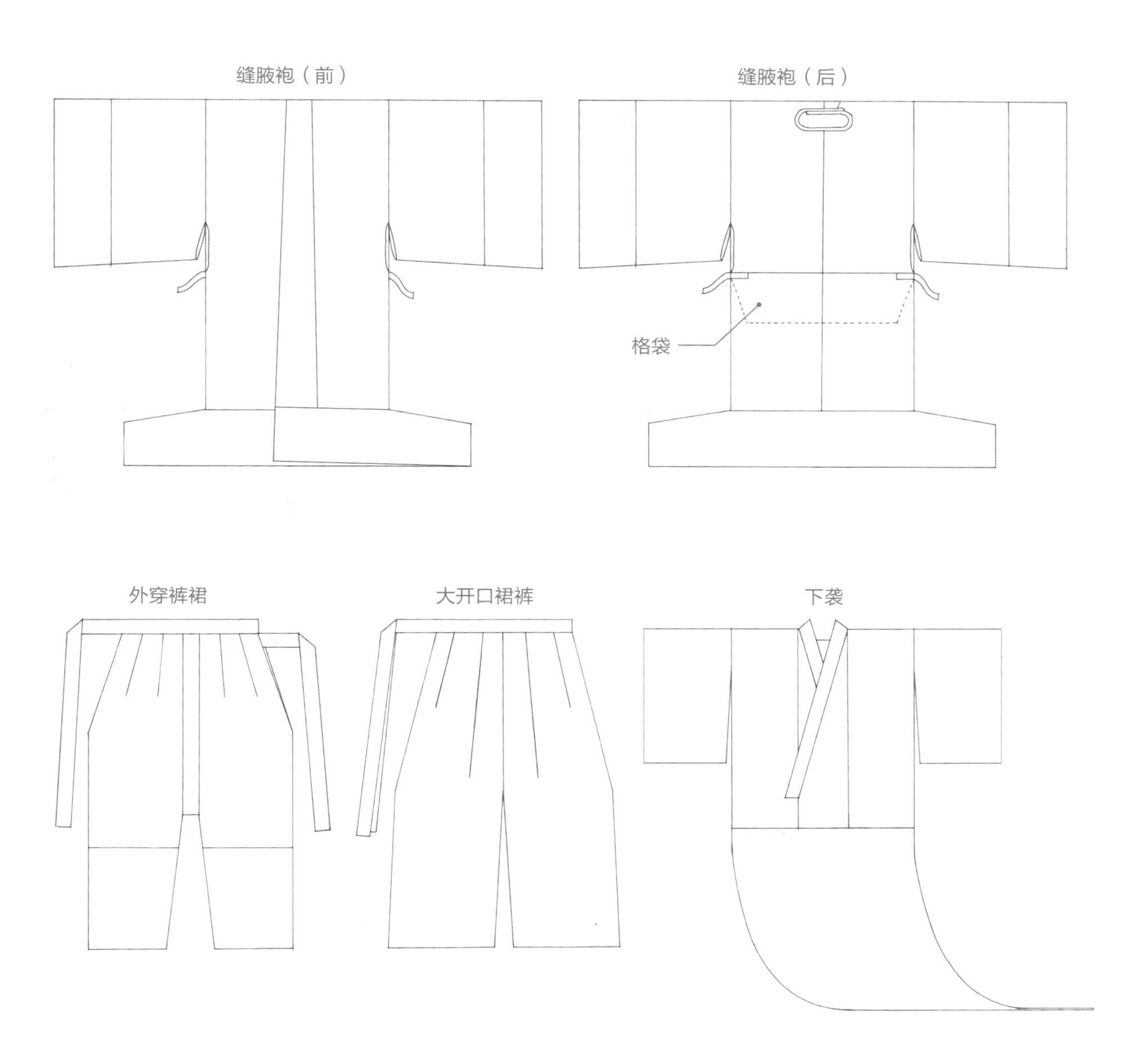

“我飞黄腾达了”，男子的终极正装

束带是朝廷内重大仪式时穿的最高级别的礼服。用现代的话来说，就是和要上镜是一个级别的。根据官位的不同有严格的颜色使用规范，黑色是最至高无上的色彩，穿的人应该是与家康等同一身份档次的。

即使在现在，能够上镜也不是一件随随便便的事情，束带逐渐没有穿着的机会了。负责穿衣的家臣会当日在裁缝店集中学习，如果穿上的话会引起像节日一样的骚动。

看了上图中的缝腋袍，我就认为“有脖领的是前身”，实际上这一侧是后身。脖领越向后，前面穿着的空间就会越充裕。向后延伸的下摆会随着身份变高而变长。手中拿着的笏是证明威严的道具，原本它是在仪式或者写慰问文的时候代替笔记的物品。

若没有合适的官职是无法拜谒天皇的，尽管在武家封赏官位就像得到奖赏似的，并不是非常重大的事情。只有获得了“关白”这一在公家也是最高级别的秀吉才有此机会。

武家的少年

因为短暂而美好，有刘海的少年时代

图中是尚未成年的武家子弟。上身着小袖，下身穿裙裤，是非常简单的日常搭配。在这样小的年纪，如果身份相差不是非常大的话，大家应该穿的都是差不多的样子。

在当时，像现在中学生那样的年龄已经被当作是大人了，被视为是孩子的时间其实非常的短暂。所以基本上没有专门在童年时代穿的衣服，懂事一些的话穿着就已经和大人一样了。

能够表现出童年的，并不是衣服，而是发型。尚未成年的少年一般都会留有刘海。留着刘海，将月代头称为“剃中间”，将中间剃光，让刘海竖起一些（扎起来往后梳），将梳到后面的头发团起来编成发髻，然后让它垂下来。另外，4~5岁的小孩儿也有编抹茶刷发髻的。

在从未成年到 18 岁左右的武家少年中，也有像森兰丸、石田三成这类服侍大名做些杂活成为“侍童”的孩子。为了让这些少年看起来更体面，据说也会让他们穿上有着华丽花样的衣服。

中间剃发搭配发辫 / 小袖 / 裤裙 / 光脚穿草鞋

倾奇者

中间剃光的抹茶刷发髻（若众髻）/无袖/小袖/裸足穿草鞋/打刀/扇

战国末期出现的闲散人员

即使是现在，年轻人也容易引起冲突，而在本书所描写的时代的末期，也出现过在江户庆长时期的“倾奇者（歌舞伎者）”。这些人松松垮垮地穿着妇女穿的小袖，还故意留着刘海，样子非常轻浮，令人生厌。

所谓“倾奇者”，曾经是一个流行语，指行为不同于常人的人。当时据说出云阿国开创了穿着这样浮夸的男装的歌舞伎舞蹈，在阿国获得了人气的同时，这种风格也一下子传播开来，在京中也涌出了更多的奇怪的不良少年。在战国时代即将结束的时候，他们没有固定的职业，也没有任何的身份，每天的生活就依靠不稳定的雇佣杂用兵收入，积压在他们身体里无处使用的精力有时会突然爆发，据说在武家内部也有这样的人。同样的，这可能也是因为武家的生活状态、身份已经发生了动摇。

在这样的风气下，出现了各种各样的倾奇者，像图中这个青年的发型和服装都偏向女性化，之后愈演愈烈。阿国的女歌舞伎和之后的男歌舞伎[一]的人气相辅相成，在江户前期产生了更加女性化的“年轻男性”，至此，战国时期粗野的审美意识逐渐消失。

[一] 男歌舞伎：留有刘海的少年表演的歌舞伎。中性美获得了人气，加速了男色文化的发展，但这与像“主人与侍童”这样包含着武士美学的男色还是有些微妙的区别。

专栏②

简单！可爱！好穿！试着做一做伊贺裙裤

制作：大石幸代（Every Monday）

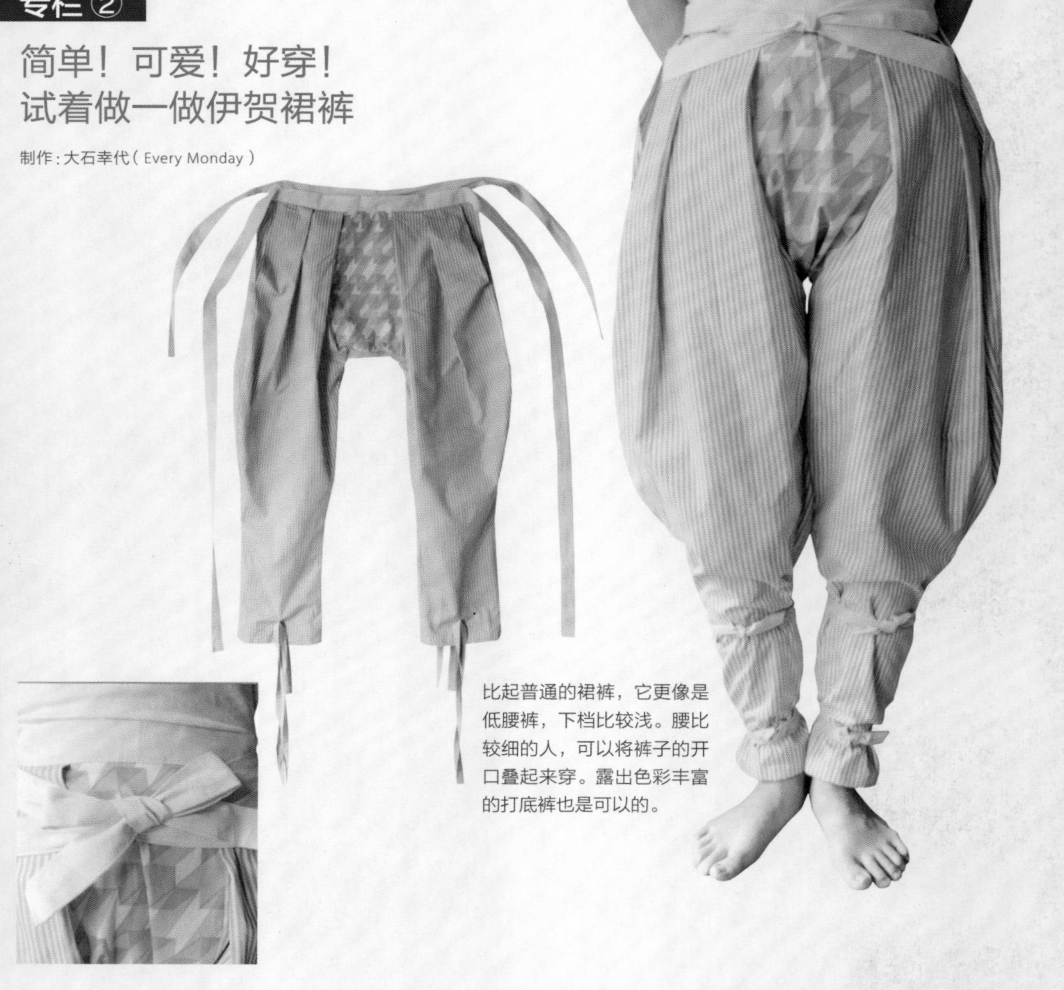

比起普通的裙裤，它更像是低腰裤，下档比较浅。腰比较细的人，可以将裤子的开口叠起来穿。露出色彩丰富的打底裤也是可以的。

形状上保留裤子的样子，和T恤或者针织衫很搭，这就是和裤子感觉很像的伊贺裙裤。它感觉有点儿像袋鼠裤、马裤，非常适合在家中放松时穿。伊贺裙裤既外形可爱，又便于行动，对于刚刚接触和服的人，我也推荐他们试着穿一穿。系腰绳的方法可以参考P11。

伊贺裙裤到底是什么呢？详细请参考P77！

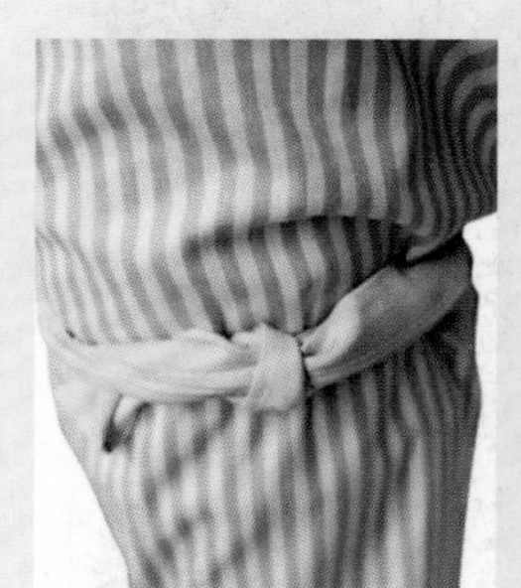

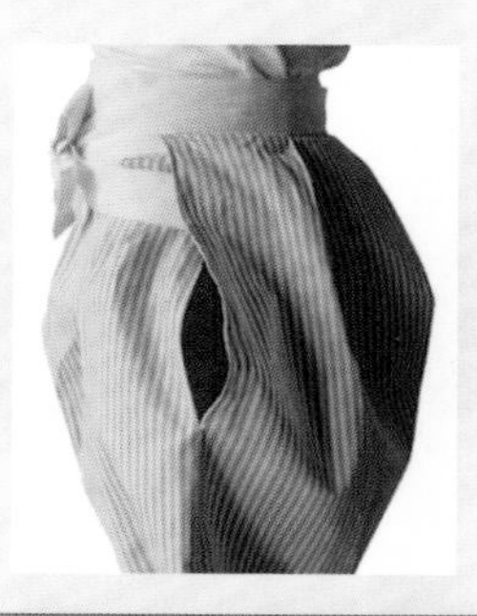

本书原创的伊贺裙裤！制作方法出人意料的简单。详细请参考P97。

『南蛮』贸易的开始

在种子岛的初次接触

16 世纪中期，与葡萄牙、西班牙之间开始的“南蛮”贸易可以说就像是一场文化的革命似的，在日本掀起了一场巨浪。

日本人与欧洲的初次相遇是 1543 年的“铁炮传来”。在种子岛附近漂着的一艘中国船上，坐着一个“从没见过的人”，那就是葡萄牙的商人。这位商人让种子岛的领主——种子岛时尧看了他带着的火枪，当场时尧就买了 2 挺火枪。假如当时才 16 岁的时尧没有好奇心，或者对新事物没有敏感度，那么历史可能会发生变化。这时传来的火枪不久就刷新了日本的战斗方式。

从礼物中看“南蛮”文化

在火枪传来的 6 年后，1549 年圣方济各·沙勿略登陆到鹿儿岛。天主教与“南蛮”贸易是捆绑在一起的。沙勿略以及耶稣会信徒们在拜见各地领主的时候，献上了本国各式礼物：因为他们认为如果没有赠送的礼物，是不能去见日本的王侯贵族的。成为领主的战国大名们第一次看到异国的这些物品时都大吃一惊。另外，火枪、火药、皮革、铁等军需物资，也是他们最想要的。为了实现与“南蛮”的贸易，战国大名们也接受了他们的传教，在各自领地的港口允许葡萄牙人上船进港。

烟管

抽烟的习惯伴随着“南蛮”贸易传了进来。当时拿着烟管抽着烟被视为非常潇洒的行为

“南蛮”热的到来

这样一步一步的，在大名们之中迎来了空前的“南蛮”热。除了带来了贸易的价值，也对既有行动力又有旺盛的好奇心的战国武将产生了一些影响。不久之后除了传教活动以外，这些物品也开始了交流往来。

当时传来的“南蛮”时装都被当作珍奇、非日常的服饰，成为战场上的军装，以及助兴表演、街头艺人的衣装等。但是，其中有一部分因为进行了加工处理而变得非常适合日本人穿，从而成为新的服饰种类，渗透到了普通百姓的日常生活中。

日本人有一个特性是“从复制开始，加入自我的改良，产生更好的东西”，这一特性在“南蛮”贸易时代得到了充分的发挥。

衬衫·斗篷·帽子

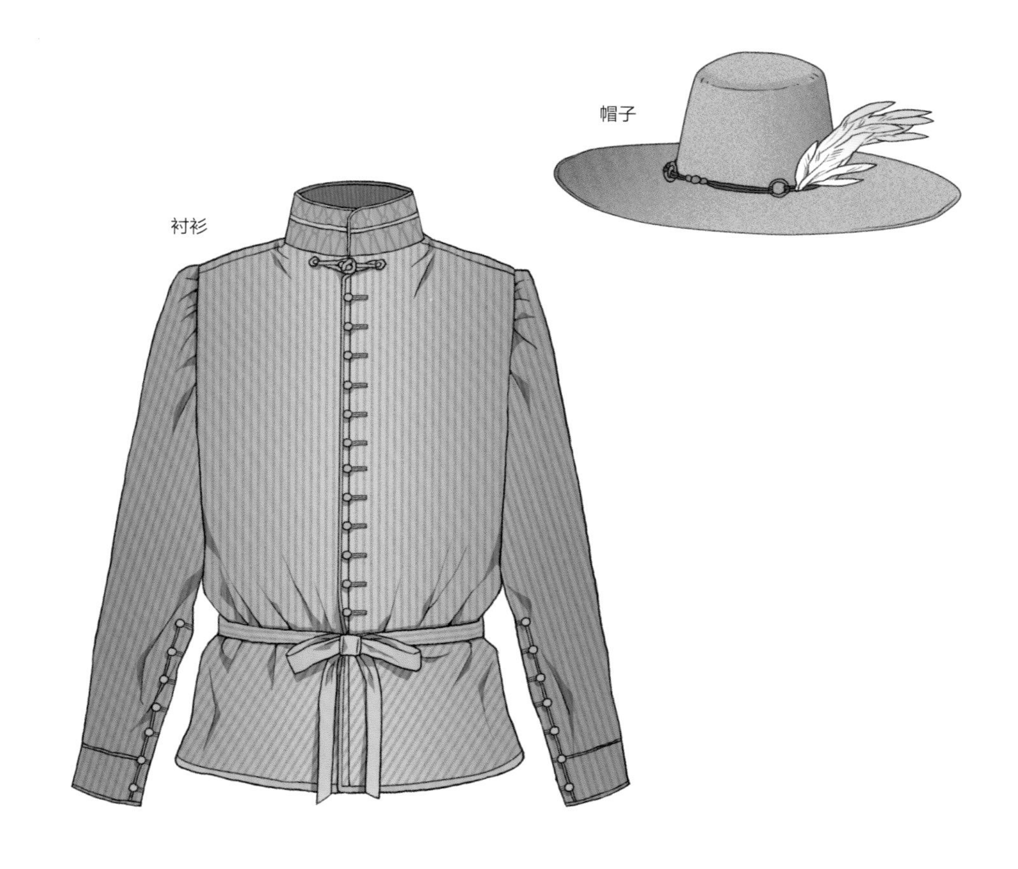

加速军装进化的涡轮发动机

在通过“南蛮”贸易传来的衣装中，除了一部分融入日常的穿着中，一部分对军装也有影响。

斗篷在战场中代替了阵羽织。在江户时代中期以后，它成为一种叫作“合羽（防雨斗篷）”的雨具渗透到了生活中。即使外观看起来很有冲击力，但实际上就是蓑衣（P92）的样子，相比于蓑衣它穿起来更方便。

帽子当初被称为“南蛮笠”“南蛮头巾”等，有信长在阅兵时曾戴着帽子的记录。在当时的头盔中也有外形很像帽子的，这些形状奇怪的头盔（P31）在当时就走在了时尚前沿。

衬衫在葡萄牙语中叫“gibao”，在日语中写作“襦袢”。沿着身体的立体剪裁、完美包裹脖子的立领、系扣子的功能性，这些都是在日本的服装中没有的特点，日本人关注到这些特点，并进行模仿、加工，在安土桃山以后被穿在了铠甲之内。战国时代结束后，人们失去了穿甲胄的机会，衬衫成了日常的贴身服饰。

拉夫领

拉夫领

天草四郎的，“喜好”

在脖子周围展开的大拉夫领可以说即使在“南蛮”装束中也是最具特征的。在电视剧或者电影中，在天主教徒大名的衣装里也经常看到拉夫领。

在喜欢新事物的大名以及富裕阶级的商人等之中，在衣服上加入拉夫领变得流行起来。在风俗画中，画着的大多都是带状的部分向上，褶皱的部分向下的样子，在这里我要向大家展示原汁原味的和文艺复兴时期服装一样的风格。

念珠在天主教中的用途和数珠是一样的，有些人即使没有这份信仰，也会把它作为一个时尚单品来使用（P84）。顺便解释一下，念珠是用手捻这些小珠来念诵经文的，并不是戴在脖子上的饰品。

虽然已经在日本的服饰中固定了下来，但拉夫领和念珠还是在“驱逐天主教徒令”之后消失了。

少年发髻 / 拉夫领 / 小袖 / 裙裤 / 念珠 / 草鞋 / 带护手长刀

轻衫

便于活动的新西洋风裙裤

在“南蛮”屏风中画着的“南蛮”人，从腰部开始到下摆都又皱，又肥大膨胀，穿着类似哈莱姆裤所穿的裤子。吸取了这种造型的裙裤，在“南蛮”贸易之后开始制作。在葡萄牙语中“calcao”表示裤子，把它的发音稍加转换，就成为日语“轻衫”的发音。伊贺裙裤（P77）的诞生过程据说和轻衫是一样的。

在下摆中使用带褶皱的有绑带布，与其说它是裙裤，我感觉它更像是肥大的裤子。它是“有意识地加入‘南蛮’风的最先进的设计”，非常便于活动是它的最大优点。武家到野外外出时，会把它作为便装用的裙裤来穿着。这个特色后来也被渗透到了普通百姓的劳作服装中，甚至影响了昭和时期的劳动裤。

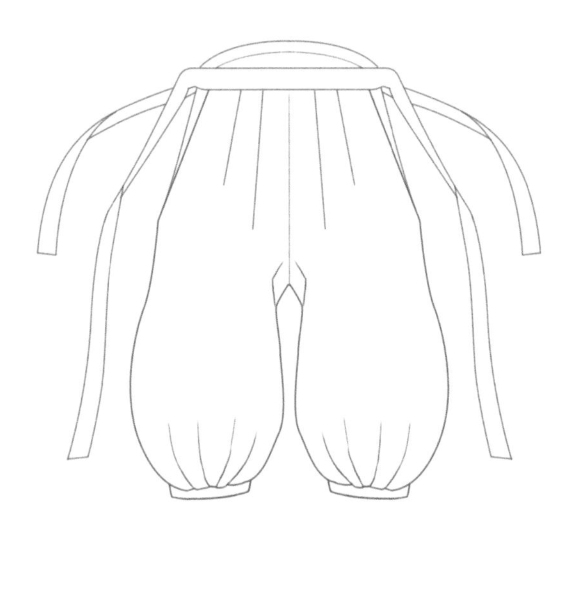

抹茶刷发髻 / 小袖 / 轻衫

『南蛮』胴

护肩
日语中也被写作“满智罗”。后来在日本又设计、制作出了各种造型（P23 前田庆次）。

“南蛮”头盔
从前到后有一条线（棱），后方是稍尖的造型。因为构造简单，所以可以大量生产，在国内生产了大量的和制“桃形盔”。这个形状确实像桃。

“南蛮”胴

和制“南蛮”胴

战场上出现了骑士

在“南蛮”贸易中除了衣服，钢铁制成的甲胄也被引进，也就是所说的“南蛮胴”。它能够对抗火枪的强度，而且极具异域风情的外观，吸引了当时的武家。它与日本传统的袖以及护腿甲进行组合，加入了日本风的设计。保护脖子和肩膀的护肩原本是穿在盔甲下面的，在日本则被穿在了盔甲上面。

开始只有高价的进口品在市场上流通，不久之后就生产出来日本国产的“和制南蛮胴”。因为国产制品是根据日本人的体形来制作的，所以更容易穿着（进口制品因为是外国人的尺寸，所以又大又重），细节部分的设计也加入了日本风格的元素。

区分两者的一个要点是，盔甲下面的线条如果是直线状，那就是国产制品，“V”字形的则是进口制品。“V”字形不适合日本人的体形，会碰到股关节，非常不利于行动。

室町时代后期的女性

宽大、舒适的外形

若是让农民的妻子开始工作的话，这个女性可能就是在城堡中从事服侍工作的侍女，也就是进入了中间阶层。在这个时代一般的普通百姓并没有很多的衣服，所以能够叠穿几件衣服，并且身高也比较高的话，也是在经济上比较充裕的一个证明。

普通百姓的女性穿小袖，衣长大概就到露出小腿的位置（P79 等），歌姬或者上流阶级的女性穿的下摆较长。她们会将较宽松的小袖，像是穿长袍一样卷起来穿。腰部并不会有皱褶，因为横宽有富裕，所以腹部那里看起来比较宽松。带子都是细带，是系在前面、旁边或是后面并没有明确的规定，忙于劳作的女性会将带子绕到后面或者旁边再打结，这样会更便利一些。战国时代的和服不会把后衣领往下拽（所谓“去除衣纹”）。

绑在顶髻上的垂辫 / 小袖叠穿 / 细带 / 草鞋

安土桃山时代的女性

唐轮髻 / 小袖叠穿 /
名古屋带（绳带）/ 草鞋

艺伎的革新性性感装束

这就是华美的艺伎的样子。到了安土桃山时代，小袖的样子并没有发生很大的变化，但是出现了新的穿着方式。腰间系着的编成鞭子状的腰带，从安土桃山到江户初期，在追求时尚美感的男女之间非常流行。绳子的端头有一串穗子，将其卷几圈，然后系在后面或者旁边。这是肥前国（现在的佐贺县）的名古屋制作而成的，因此被称为“名古屋带”，不过它和现在的“名古屋带”完全不同。

将头发集中在头顶，编成几个轮的发型被叫作“唐轮髻”，艺伎们非常喜欢这种发型。它和现代女子蓬松的丸子头有些相似。其起源据说是来自男性的发髻（P84）。在历史中女性的发型基本上都是垂发，现在这样在头顶梳发髻的风格是非常具有革新性的。

女性礼服（打褂）

战国时代的公主风格

这是身份很高的武家的夫人或者公主穿的正装。

除了夏天以外，在重叠穿着的小袖上面系着细带，然后在外再披一件其他的小袖。最外面那层只要披在身上就好，这就是和式罩衫。下摆的长度要稍微拖在地面上，脚是藏在下面的，实际上脚也是裸着的。

它的原型是镰仓时代的主妇装，当时的女性是穿裙裤的。由于在战国时代省略了裙裤只穿小袖的风格成为主流，这才有了这样的造型。

江户中期以后，礼服的造型被改良为适合穿在最外层的款式。为了呈现拉出下摆的造型，在下摆中加入了厚厚的丝绵，衣服的衣长和宽都比穿着的小袖要更大一些，为了让下摆的穿脱时更加便利，在衣服里面增加了系绳的设计。

丈许长的垂发 / 白小袖、下小袖、夹衣（在外罩的礼服下面穿的小袖）/ 细带 / 礼服

贴身裙（腰卷）

即使再热也不能脱下

这个是夏季的正装。

所穿的衣服和之前讲的礼服一样，但穿法有所不同。之前讲到的礼服带子要系在内侧，而在夏季正装中要系在最外侧，也就是从礼服的上面开始系，将礼服的上半身卷到腰部。这就是贴身裙的样子。

将肩部放下卷到腰部并不一定是正装的穿法，但这种穿法使得即使再热也不能将衣服完全脱下，从而保证了威严的仪态。

与礼服一样，直到江户时代，这个贴身裙的样子都在一点一点地改变风格。在江户时代后期，带子的两端加入了纸芯让它们在两侧突出，变成了挂着贴身裙袖子的，像是洛可可时代出现的裙撑的样子。

丈许长的垂发 / 白小袖、下小袖、夹衣（在外罩的礼服下面穿的小袖）/ 细带 / 礼服

披衣·裙裤

时而恭谨，时而飒爽

这是女性外出时的服饰。

公家、武家妇人，还有富裕阶层的女性们在去附近外出时会在头上罩一件单层的小袖，以掩盖脸。这就是披衣。在风俗画中，经常可以看到戴着市女笠（P89）的人物。这也是因为那个时代都是垂发，所以才能够形成这样的风格，当结发髻的女子多了起来之后，也就废弃掉了。

女子在骑马的时候，穿着的裤子也变成了男装里裙裤的样子。虽说看起来像是个疯丫头，但就像平安时代的巴御前一样，在战国时代就有参与战争的女子，另外也有需要使用马的工作，所以女子骑马的机会并不少。穿怎样的裙裤并没有明确的规定，一般来说裆如果深的话会妨碍骑马，所以她们会穿裆比较浅的裙裤。穿着裤装的女子潇洒地骑着马的样子，可以说得上是英姿飒爽。

右：垂发 / 小袖 / 收口裙裤 / 草鞋
左：披衣 / 垂发 / 小袖叠穿 / 细带 / 草鞋

劳动女性

干活利落的女子才可爱

在平民劳动女性中，有一首京都的风物诗广为流传，其中描绘的就是桂女与大原女。

桂女，就是把从桂川钓来的鲶鱼或者是糖糕带到京都贩卖的女性。他们会用白色的布将头发包起来，这种独特的发型被称为“桂包”，这种发型后来被其他的平民女性学去并开始模仿起来。在脑门上系蝴蝶结的造型充满了女人味，又非常可爱。

大原女是从比叡山山脚处的大原将柴火和炭之类的带到京都贩卖的女性。她们直到明治、大正时期一直存在。随着时代的变化，她们穿着围裙或者系着漂亮的带子，风格一直在变，但基本上都是穿着黑色或者红色的小袖，拿着白手帕的样子。

桂女和大原女都属于行商㊀，工作时需要使用手，所以要有绑腿和手甲（见 P90），小袖下摆系得较紧较短。她们既有劳动风，又让人怜爱的样子非常引人注目，在画中也经常被描绘。

右：放着商品的桶 / 桂包 / 小袖 / 细带 / 手甲 / 绑腿 / 草鞋
左：柴把 / 用稻草编的蒲团 / 手帕 / 玉结的发型 / 小袖 / 细带 / 手甲 / 绑腿 / 草鞋

㊀ 译者注：“行商”与“坐商”相对应。坐商有固定的营业场所，而行商没有固定的营业场所，是要外出流动经营的小型个体商贩。

少女和孩子们

右：刘海儿头 / 小袖 / 细带 / 草鞋
左：发束 / 小袖 / 细带

下一次穿新衣服是什么时候啊？

少女们的服装和女性的小袖基本一样。拿着板羽球拍的村里的小姑娘，在麻质单衣上系着一根细带，是非常普通的平民风格造型。如果是在成长期的话，没有办法买那么多的新衣服，所以身上的这件衣服已经连续穿了好多年了。

右边的少女是在艺伎身边的侍女。就像是武家身边有漂亮的小男孩儿来服侍自己一样，侍女也要照顾艺伎，因此侍女的服装很利落，发型也很整齐（日语中表示“侍女”意思的词，还有留着刘海儿的发型的意思）。

如果是比这些少女还要小一些的孩子，则会穿一件单衣，在制作时就将带子缝在上面。孩子的衣服上会有 8 个开口，带子从这 8 个口中穿过。因此在孩子还小的时候带子会打成一个很大的蝴蝶结，而随着孩子慢慢地成长，这个结也越来越小。这样的衣服最多也就穿到 10 岁左右，之后的衣服就和大人的差不多了。图片中装着这个婴儿的是叫作“稻草篮”的筐子，是当母亲在做农活等时没办法抱孩子的时候用的工具。婴儿的发型只留了前面和侧面的头发。

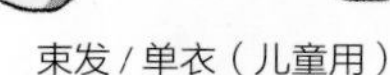

束发 / 单衣（儿童用）

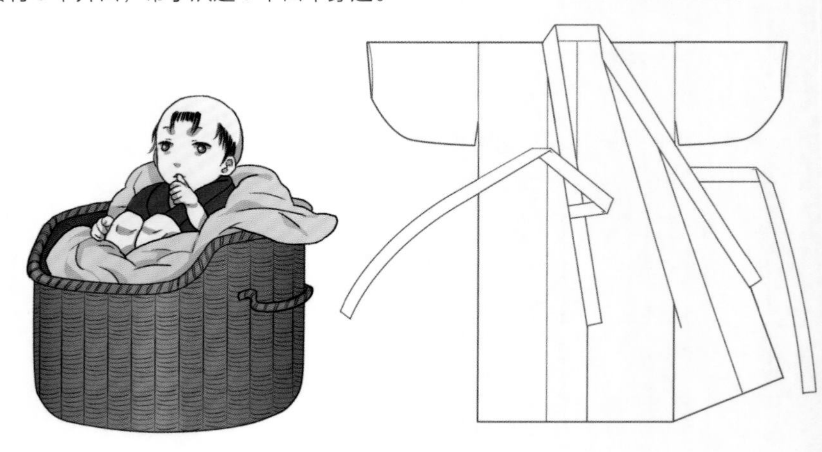

专栏③

采访 从时代考证角度来看时代剧的秘密

山田顺子

（时代考证家·本书审）

时代考证家从事什么工作?

乍一看既现实又有趣的时代剧，从时代考证的目的去看的话，也会有很多让人觉得不可思议的地方。

比如说，在最近的时代剧中，有很多演员不再留月代头，而是以刘海儿的造型出镜。但是，刘海儿是未成年孩子的发型，若是大人，或者战国时代的武将也留着这样的发型，一定会被别人嘲笑，把他们当成傻子的。但不能否认的一点是，如果看到了假发的边缘线，就会非常扫兴，而现代风的发型会看起来更符合当下的审美，更具亲近感。

从衣服的角度来说，例如江户时代的平民经常穿的衣服都是又脏又破的，沾满了泥土。但是大家在电视上并没有看到过那样的衣服吧。如果真出现了，就会让人感觉很苦情，而且可能也没办法让演员们去穿那样的衣服吧。

于是在演员的意图、剧本的内容，或者在时间、预算等各种各样的框架内，做出最大限度的时代考证就是我们的工作。一部电视剧或者电影所描绘的东西，究竟是真实历史的再现，还是以故事优先……时代考证会根据这些元素酌情处理。

历史研究家和时代考证家有什么不同?

在历史中有明确知道的事情，还有并不是很明确的事情。若是研究者、学者的话，只需要说或者写有明确证据的东西就好，但是时代考证家仅仅这样做是不够的。因为要做成影像，所以没办法"因为不知道要放什么好，所以就什么都不放了"或者"因为不知道穿什么好，所以就什么都不穿了"。集中考虑各种情况、证据，通过想象力去填补那些空白，这就是时代考证家的工作。

因此我们即使不知道那是真还是假，但只要无法直接否定说那是"假的"，就可以这样做。例如，山内一丰的妻子千代为了自己的丈夫，用体己钱买了一匹名马，传说中是有这样一个故事的。但这个故事是否真实发生过，谁也不知道，也没有一个证据说"绝对不可能"。那么如果剧本上这么写了，也可以按照剧本去演。时代考证家是不会因为不知道是否是事实，就去否定原作和剧本的。

下在服装和小道具上的工夫

时代剧中使用的服装和小道具基本上都是循环利用的。例如，头盔只要变化立饰即可。虽说是在复制，但制作甲胄确实既费时间又费钱，操作起来很费事。若使用带有家纹的服装，染色的话就只能用这一次了，所以会使用一种叫作"贴纹"的贴纸。这种贴纸用于突然有人去世，而身边又没有带印有自己纹饰的丧服之时。所以在预算和时间都有限的情况下，需要下各种各样的工夫。

还有，战国时代的女性通常或是盘腿坐，或是支起一条腿坐，但是在战国的时代剧中女演员一般都采用正坐的方式。那是因为道具老师只准备了江户时代以后身宽较窄的衣服。战国时代的作品并没有江户时代的那么多，不经常用到的东西是不会特意制作的。再加上现在的人们也不会理解女性的盘腿坐，所以才选择了正坐的姿势。

一直在变化着的日本人的生活

在现场穿的衣服，有些是服装师帮着穿的，有时配角不得不自己去穿。但是若没有穿过和服，没有接触过和服，他们甚至会把两条腿都伸到裙裤的一条裤腿当中去（笑）。这是真事儿。其他的还有，不知道扇子使用方法的，不知道该怎么盘腿坐的……这些在过去都是每个日本人日常要做的事情，但是在战后生活方式发生了很大变化的现在，我感觉到即使是 50 年前的东西，也需要依靠时代考证家。

我在小的时候经常会穿和服，会去打水，那时还有井和吊水桶。其实在日常生活中使用的道具实际上并没有发生太大的进步，在战前使用的这些都是和过去一样的东西。在电饭锅出现之前，大家都用羽釜㊀。用炉灶来做饭也是一样的。现在我们也还会用到擂锤，那其实是从平安时代就开始使用的工具。那样的生活一直到昭和 20 年代左右还在持续。和我差不多年龄的人们因为体验过这样的生活，所以即使是数百年前安土桃山时代的生活状态我们也是可以想象得到的。

亲身体验非常重要

由此可见，我们去处理日常生活中的事情大体上还是没有问题的，难的是在某些仪式和一些活动中的场景重现。因为那些都是我们没有实际见到过的，所以我们要去阅读资料或查看画卷，但由于图画是静态的，所以我们必须去想象这些画面之后人们的行为。在这种时候就将小笠原流的礼法、茶道等古时的举止动作原样保留了下来。

自己亲身去学习茶道、弓道之类的，会了解到更多知识。去欣赏一场能剧或者歌舞伎也是很好的，总之尽量去试着“体验”是非常重要的。比起看照片，在博物馆里欣赏真的遗迹，或者在一些旧址和城堡中现场调研会更好。

我从少女时代开始就特别喜欢武士剧，看了很多当时非常具有人气的东映的时代剧，对战国时代的服装也产生了浓厚的兴趣，还边看边模仿着去做直垂。这是为了自己穿（笑）。不穿一下真的不知道是怎么一回事。我还拆过爷爷的裙裤，还曾经一直盯着电视剧或者照片，去观察那些究竟是什么东西。

你也可以成为时代考证家？！

我认为从此往后，做时代考证会变得越来越难。随着时代不停地前进，了解过去生活的人会变得越来越少。例如，虽然会觉得“光脚走路脚会疼”，但古人就是光着脚生活的，脚底已经变硬了所以不会有不适感。而且在战国时代，即使是很有权势的人也是赤足而行。有一次，信长在穿上草鞋之后感觉温热，便将为他拿鞋的秀吉训斥了一顿：“你是不是把我的鞋坐在你屁股下面了！”从这个故事就会知道正是因为信长是光着脚的，所以才能感知草鞋的温度，如果信长当时穿着短袜，那他一定不会感受到草鞋的温热。

如果之后有希望成为一名时代考证家，我首先建议大家“除了自己喜欢的东西，其他的事物也要多了解”。因为有些东西虽然你对它没兴趣，但有可能它却是必要的。比如说，如果你喜欢石田三成，那就需要去研究德川家康、岛津义弘；如果喜欢战斗的场景，也需要了解武士从战场回归到家庭之时的生活状态。另外，和日本史相关的西洋史也要学一遍。当然了，对知识掌握的深浅程度没有明确要求，我们毕竟不是要去写论文。还有就是无论对什么东西都要怀抱一颗好奇心。我从特别喜欢武士剧的少女时代以来，就是靠着一如既往的好奇心才坚持到现在的。

如今的我常常想把自己的那些经验告诉年轻人，想把自己调查过的事情或者有用的经验留下来。因此，即使也许不是很多，我也会努力把那些对大家的生活有一定帮助的事情通过各种形式传达给大家。

（2009 年 6 月 29 日　访谈）

㊀ 羽釜：底为圆形，带木质锅盖的铁质煮饭锅。为了能挂在炉灶旁边，锅边有把手。现在对于饮食比较讲究的人，以及在对孩子的饮食教育中还会用到这种锅。

平民

无论在哪个时代，占人口大半的都是无名的平民们。
让我们一起走近充满了根植于日常生活元素的，充满韧性的风格。

插画：内田慎之介

战国时装平民风格①

小袖

以小袖为主的风格，虽然对于公家、武家来说『轻便化』了，但是对于平民来说，小袖从一开始就是日常的穿着。那么，平民穿的街头风格的小袖究竟是什么样的呢？

束发 / 小袖

衣服长度 = 经济状况与工作内容

例如，虽然都是衬衣，但也有高端品牌的衬衣与大卖场的衬衣之分，它们在剪裁和价格上都有很大的区别。与此类似，上流阶级穿的小袖和平民穿的小袖也是不同的。

首先有明显不同的就是材质。当时平民所穿的基本都是麻质小袖，但麻布中也有高级品，比如用细线织成的柔软的麻，而平民穿的麻布则是用粗线织成的，摸起来会觉得扎手。也是因为如此，由于要长时间穿着，材质才开始变得柔软了起来。

还有一个不同之处就是衣服的长度。虽然人的体形各式各样，但平民穿的大体上都比较短。可能是因为从事的工作经常需要活动，所以短一些方便，也有可能是因为贫穷，只能穿短一些。布匹属于贵重品，长的衣服也意味着贵的价格。另外，也有可能是因为下摆易磨损，然后将磨损的地方剪掉，就这样一点一点变短了，或者是处于成长期没有买新的衣服而继续穿小时候的衣服，这些都是很有可能的。

和上流阶级一样，平民也会系一条细带，但虽说都是细带，平民系的仅仅就是一条细布，或者直接系一条草绳。打结的部位有可能是绕到身后或是身旁一侧，还有的会把绳头卷在里面，根据不同的情况会有不同的系法。

叠穿
平民中也有些人会采用叠穿的方法。有些人里面衣服的袖子会比外面衣服的袖子长，但这并不是因为看起来潇洒，而是因为外面的那件价格比较贵（所以短），而里面的衣服是廉价的衣服（所以长）。
长款
在平民中，也有人会穿着衣长较长的小袖。这些人可能是在城市里经商的商人等生活比较富裕的人，或者是工作时不怎么需要活动的人。
短款
从事体力劳动的人们，会把袖子取下，也会把衣长裁短。也许这么说显得有些较真，但实际上可能并不是自己主动取下袖子，而是“被扯掉了”，也并不是主动把衣长裁短，而是“下摆都磨掉了”。
卷起
当下摆和衣袖妨碍工作的时候会把相关的部分卷起来。卷起的方式因人而异。若是卷得太高，即使看到了兜裆裤也无所谓。当时即使被看到裸体也不会令别人感到反感，女性也可能会露出一只胳膊。

裙裤

除了只穿小袖的轻便装以外，还有搭配着裙裤一起穿的风格。那么，适合在平民生活中穿的裙裤，究竟是什么样的呢？

收口裙裤（P10~11）

束发 / 小袖 / 收口裙裤

在平民之间也有微妙的阶级差别

平民的男性除了只穿小袖以外，也有搭配裙裤一起穿的。

虽然根据每个人的经济状况和喜好会有些不同，但对于猎手等在野外山林等地从事户外劳作的职业，最好能够尽量多地把身体罩起来，所以裙裤的穿着率会稍高一些。

在平民穿的裙裤中，最流行的是四幅的收口裙裤，也就是裤口可以用绳子收起来的瘦长裙裤。裤腿长度只到小腿肚子中间位置，比起礼服的裙裤要短很多。因为裤子的下摆并不蓬乱，所以并不容易挂到草木上，非常实用（与裤口有绳子的收口裙裤相对，没有绳子的裙裤叫作“直口裙裤”）。裙裤的上面除了经常会穿的小袖以外，还有类似“筒袖”这样没有袖兜的比较贴身的服装，也有穿无袖服的。

另外，在城市里的商人等比较富裕的平民，从室町后期开始在服装方面和下级至中级武士的穿着基本一样，也有那样穿裙裤的。例如，在当时的风俗画中可以看到商人中有穿裙裤搭配肩衣（P46）的，只是搭配的上、下两件衣服颜色并不搭，与高级武家日常穿着的精致的搭配还是有些差距。

伊贺裙裤

这是P56的裙裤的基础。因为据说伊贺忍者曾穿着这样的裙裤而得名，也被称为“裁着裙裤”。这种裙裤的其中一个特征是膝下的位置就像绑腿似的，和轻衫（P61）的起源是一样的。从平民的劳动装到武士的行装，伊贺裙裤被广泛使用。

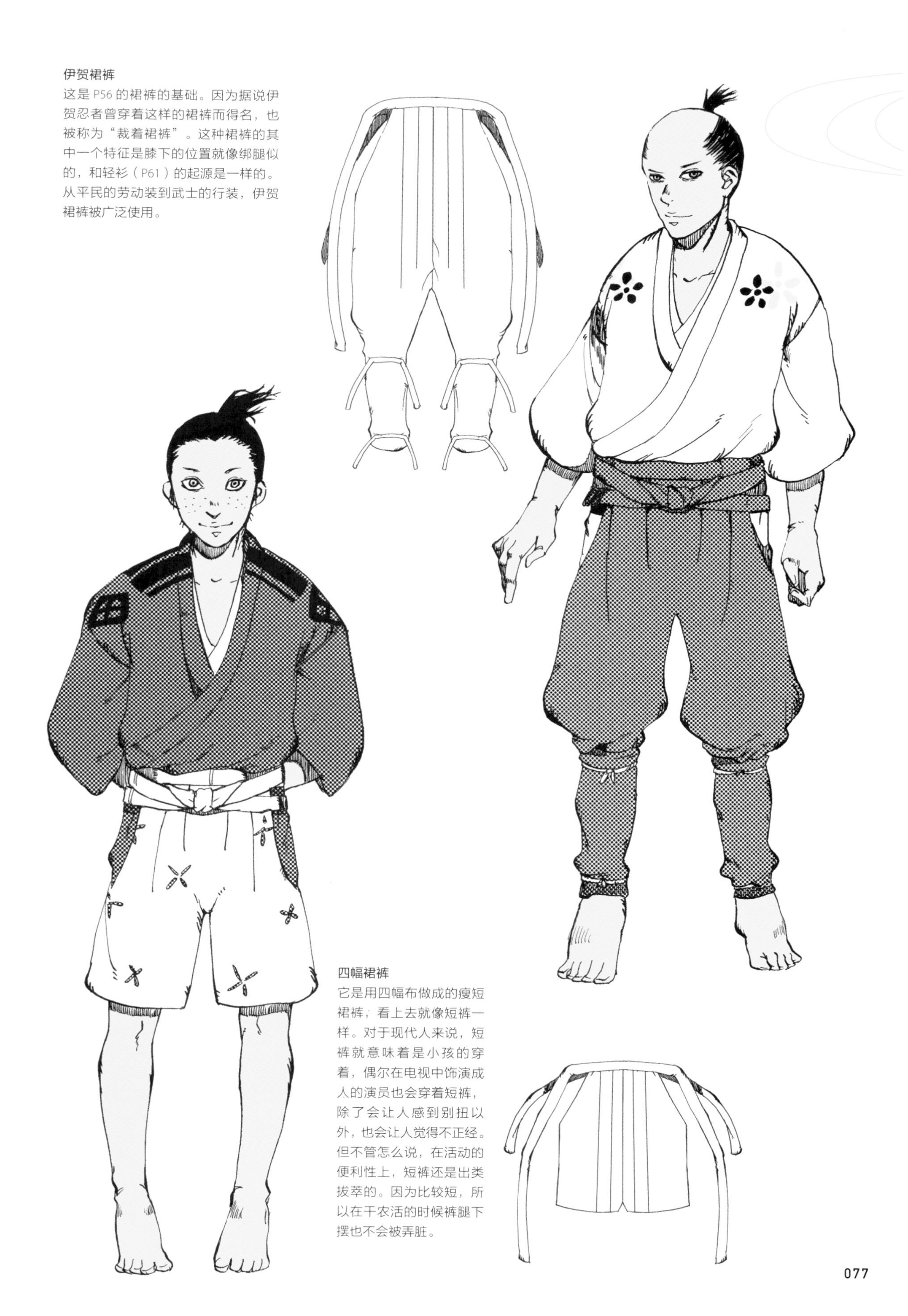

四幅裙裤

它是用四幅布做成的瘦短裙裤，看上去就像短裤一样。对于现代人来说，短裤就意味着是小孩的穿着，偶尔在电视中饰演成人的演员也会穿着短裤，除了会让人感到别扭以外，也会让人觉得不正经。但不管怎么说，在活动的便利性上，短裤还是出类拔萃的。因为比较短，所以在干农活的时候裤腿下摆也不会被弄脏。

走在路上①

劳动者

从室町后期商业活动开始盛行，货币经济就渗透了战国时代。据说很多人都梦想成为『有钱人』，所以离开村庄的年轻人变得多了起来。卖东西的人、买东西的人、看的人、路过的人……京都的大道上，如今也是热闹非凡。

旅人

这是背着包袱，系着绑腿，穿着草鞋的年轻旅者（平民平时几乎都是裸足）。作为政治中心，而且还有着很多寺庙的京都，各个国家都会有很多人来造访。

外出采购的女性

放下上身穿的小袖的肩，将下摆压进带子里（被称为壶折）。这并不是有意让自己显得很潇洒，而是因为天气忽冷忽热才这样穿的。平民的女性会用一块挡尘的布来代替披衣，这种形象我们经常会看到。

刀匠

身穿直垂，头戴侍乌帽子，这就是将灵魂融入刀的匠人。除了刀以外，他们还会制作铠甲、马具等。从事与武家相关工作的匠人，会穿和武家相同的衣服，以正威仪。

驼夫

他们是从事将货物放在马背上进行运输，现代称为运输业的人。这属于当时人们从事的主要工作之一，是以身体为资本的买卖。仅穿较短小袖的着装风格，会让人感觉很轻快，很有精神。

艺伎

她们会穿着色彩鲜艳的比一般女性稍长一些的小袖，姿态妍丽。在人口众多的京都，集中了许多艺伎。脚上穿的是粗带草鞋（P90），图中是能够盖住脚背的具有拖鞋风格的款式。

货郎

所谓货郎，是对扛着扁担做买卖的人的总称。他们可能去卖鱼、蔬菜、馒头和餐具等。他们使用类似短蓑衣一样的围裙，在贩鱼或者坐在地上的时候可以卷起来。为了家人，他们会努力把货都卖完。

孩子

在端午节，小朋友会戴着纸头盔，插着指物，去学武者的样子。孩子们用的和服带子很长（P70）。在当时，这样的梦想还真是“以下犯上”呢。

亲子

穿着围裙，在小袖里抱着婴儿的妈妈，头发在后面扎成圆形，做成一个丸子头。在当时结婚或者生了小孩的女性，都会把眉毛剃掉，然后再把牙齿涂黑，这是当时的习俗（P88）。

走在路上②

宗教信仰者

战国时代，与武家、朝廷一起展开三足鼎立的权力斗争的是寺院和神社的势力。即使在京都，到处也可以看到宗教信仰者的身影。但是游荡在街道上的这些人，究竟在想些什么却是一个谜。

朝拜

用来代替毯子的席子挂在腰部，去朝拜各地的寺院、神社的朝拜者，身上穿着后背写有经文的无袖衣，这是被叫作笈摺的朝拜用衣服。朝拜并不是一个人的旅行，而是和佛祖的二人之旅。

化缘高僧

所谓“化缘”，就是为了重建或者修缮寺庙、钟等而向人们募集捐赠的行为。他们会伸出手中拿着的长舀子，来募集捐赠的钱。四处漂泊的高僧穿着的并不是正式的法衣，只是将黑色的和服穿出了那样的风格而已。

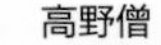

喝食

这是指在禅宗的寺庙里，做些勤杂工作的小孩儿。他们的刘海就像银杏叶一样，在现在还能见到那样的造型。他们在女人禁止入内的寺庙中，服饰很华丽。其实他们和武家的小姓是一样的，当时如果可以被这样的美少年来服侍，那是男人身份的象征。

高野僧

所谓“僧”，这里指的是云游僧。他们从高野山出发流转到各国进行布教活动，但他们作为僧侣的身份比较低。实际上做绸缎生意的行商们有时也会从事这样的事情，他们云游四方，自由自在。背后背着的造型奇特的背箱是高野僧独有的装备。

尼姑

她们头戴白头巾，脚踏草鞋。出家的女性大多出身高贵，她们打着的长柄高级阳伞就是证明。根据使用者身份的不同，阳伞的制作工艺和颜色都是不同的。另外，当时并没有雨伞。

敲钲者

这是在道路上一边敲钲一边念经的僧人，也就是路上的“说唱歌手”。与其说是僧侣，其实更接近于俗人，穿着的衣服也不是法衣，而是普通的小袖。他们伴随着钲的声音出现在世人眼前然后又消失不见，是哀愁的无根之草。

山中修行僧

这是在山岳中修行的修行者。他们的穿着让人一眼看去想到的就是“像天狗一样”，这也是自江户时代以后形成的衣装，基本上是小袖搭配收口裙裤。脖子上系的是一种叫结袈裟的简版袈裟，头上戴着象征“十二因缘”的有着 12 个褶皱的黑布圆帽。

犬神人

他们是侍奉于神社的身份低下的神职人员。头和面部都用白布遮盖，负责周边的安全保卫、社内的清扫、葬送市中的死者等。在战国初期，身份低的人会经常遮盖着面部，其中蕴含着与一般社会隔离开的意思。

走在路上③

战国杂耍

不可思议的表演、妖艳的舞蹈、让人捏着一把汗的杂技……

战国末期的京都四条河原，是集合了所有艺能和娱乐的梦中的欢乐乡。

从各处来的艺人们呈现出的谜一样的风情吸引着人们。

耍猴

就是现在也有的众所周知的耍猴。在大街上牵着猴子，很容易被狗追着叫。腰中绑着的是叫作引敷的，用兽皮做的屁股垫布。对于坐在地上摆摊的或者猎人等外出干活的人，它是非常便利的一个小物件。

岁末问候

这是到了年末在家家户户的门口，一边打响竹刷一边念着“送上岁末的问候，恭祝新年”等祝福语的艺人。被他们问候到的话，人们也会有“啊，已经到年末了啊”这样的感叹，体会到了十二月的氛围。头上戴着的叫里白，如今它也作为正月装饰，用的是蕨类植物的叶子。

蜘蛛舞

无论古今，特技表演都特别有人气。中世的娱乐活动基本都是从祭祀中发展而来的，腰中插着幡旗想必也是祭祀的遗风。这个和木偶戏不同，本人就是主角，所以他们会戴假发，穿精美的小袖等，打扮得非常华丽精致。

竹马

无论是谁，都会不由自主地回头看看这像真的一样的马面头套。竹马，来自于宫中正月举行的“白马节会”，即见到白马就会扫清邪气的活动，是新春的门前表演。马头恐怕是用手拿着然后起舞的，图中的这些人应该是在走动着的。

木偶师

他们是在道路上或者是谁家的门口，从箱子下面操作木偶表演的人。其中比较有名的是在室町末期的西宫神社（兵库），这是能够让木偶跳起非常精彩的能剧的“戎升”集团，在江户初期与净琉璃结合，发展出了“木偶净琉璃”。

专栏④

从能剧和歌舞伎中看战国时装

在 P82~P83 中，向大家介绍了几种不会出现在教科书中的战国时代的娱乐项目，但在这个时代的艺能中，绝对不可欠缺的，也是最重要的就是“能剧”。

形成于室町时代的能剧，被上流社会所喜爱，织田信长、丰臣秀吉、德川家康这些统领天下的人，用金钱给了能剧表演者真正的扶持，进行了积极的保护。作为能剧的一个看点，豪华的“能剧服装”，真实地反映了战国时代当时的服饰系统。

在最开始的能剧表演中，使用的是日常穿着的衣服。如今，它作为舞台服装在细节上有一些变化，但基础就是小袖或者直垂（P42）这些战国时代的服装。

腰卷（P67）、壶折（P78 外出采购的女性）等穿着方法，就和当时的一样。另外，“缝箔”“摺箔”这样的服装，是在小袖上加入刺绣和金银箔来做出图案，这两种叫法是将安土桃山时代的技法名用作了服饰的名字。

就这样，再次欣赏能剧装束，仿佛能够看到隔着几百年遥远的战国时代的风景。

插图：内田慎之介

另外，和引领趋势的服装变为大众流行这个现象一样，出云阿国的“歌舞伎舞蹈”也引发了同样的现象。

1603年，突然出现在京都的阿国，在四条河原的舞台小屋中上演了令人惊叹的舞蹈。在江户庆长时期，虽然也有用非常华丽的服装来表演男子气概或勇猛武士的一些非常规表演者，但是阿国是将模仿这些爱打扮的男人的装束，直接带到了舞台上。穿着精致的小袖，系着绳带，像男人一样把头发绑在头顶，手握长刀的姿势，充满了魅力。

身着男装的丽人——阿国的时装引发了极大的反响。艺伎们也开始扎起像阿国那样的“唐轮髻”（P65），出现了模仿阿国打扮自己的男人。就这样，在京都涌现出了特别多的倾奇者（歌舞伎者）（P55）。

之后，阿国的歌舞伎舞蹈发展为由艺伎表演的“女歌舞伎”和由少年表演的“年轻观众歌舞伎”。但是，在这样的剧团中，还存在着买春的行为，所以在江户前期女性与少年的歌舞伎都是被禁的，成为所有角色都由男性来扮演的“野郎歌舞伎”，并一直发展到了现在。

下装·发型·小物件

发型是最早可以体现出流行趋势的。
小物件可以呈现出使用者的生活方式。
下装也是如此。
实际上一个个小物件，比主要的用品更有趣。

插画：高濑

下装

果然还是在乎♥
想看、想要了解的关于下装的事情。

（男）兜裆裤

即使现在也能在祭祀等活动中看到有人穿着它的样子，也有因为喜好平时就穿着它的人，拥有神仙般爱情的人们也会穿上这样具有魅惑性的兜裆裤。兜裆裤本身的历史非常久远，在《日本书纪》中首次出现了这个名字，另外还发现了穿着兜裆裤的陶俑。

战国时代的兜裆裤被称为“六尺裈”，正如其名，它是用六尺（约 180 厘米）布卷在腰上的。因为是将布拧起来然后再裹到身上的，所以从后面看起来就像是丁字裤。对于其颜色并没有明确的规定，大多数都是布的原色（未经漂白，保留纤维的本色）。上流阶层的人会穿绢制的，但在一般情况下都是麻制的。

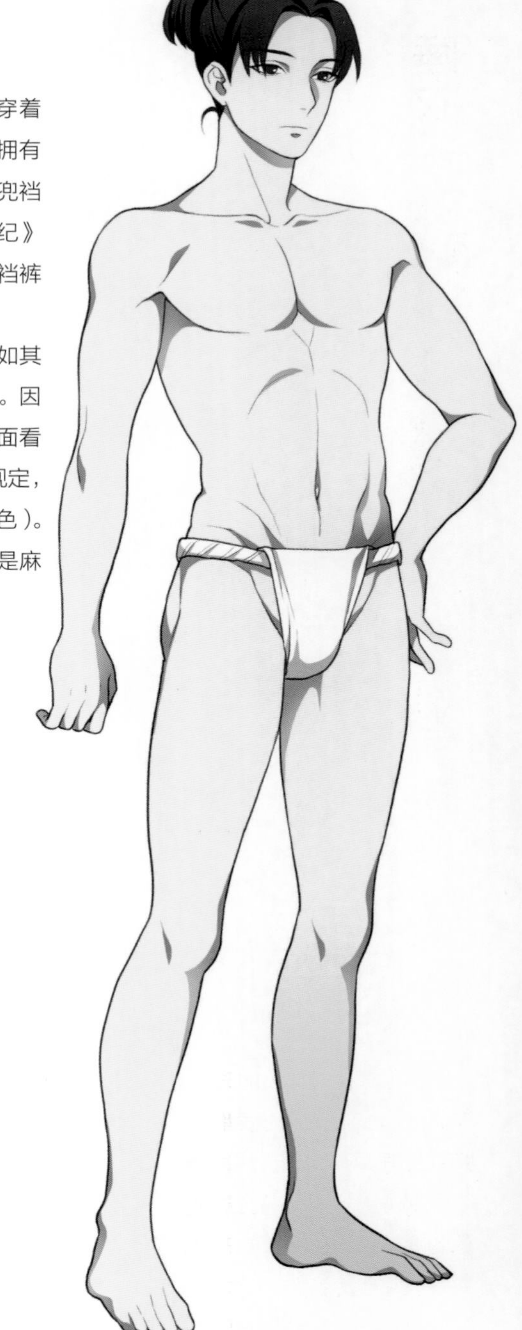

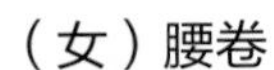

（女）腰卷

它也叫汤卷、汤文字。在战国时代以前，上流阶层的女性会穿裙裤，下身会穿一种叫“肌袴”的裙裤。如果不穿裙裤，那么同时也不会穿肌袴，代替它们的就是腰卷。据说腰卷起源于在浴室服侍的女官缠绕在腰间的东西。一开始只是在腰部缠绕一圈半左右，然后将两端夹在里面，就是这么简单，而像围裙一样又加上绳子是很久之后的事情了。当时的公共浴场是混浴，男子穿浴池裙裤，女子要穿腰卷，这都是必须要遵守的礼仪。

睡衣

在『本能寺之变』中，穿着白色小袖出场的信长……哎，那不就是睡衣吗？

我们在看时代剧的时候，无论是殿下还是公主，他们在睡觉的时候都会穿一件白色的小袖，那就是睡衣吗？实际上并不是。

那时，尚没有在睡觉的时候特意换上“睡衣”的习惯，而是在睡觉的时候，只保留衣服里面的贴身小袖，也就是穿着内衣睡觉。对于现代人来说这也许有些奇怪，但是如果在睡觉的时候被敌人突然袭击，肯定是来不及换下睡衣的，如果穿这个的话，只要从上面再披一件衣服（或者不披）就可以马上跑出去了。

普通百姓，基本上睡觉的时候和起来的时候是一样的。衣服即使有了皱褶也无所谓。当时还没有四角的方形被子，被子是在很久之后才出现的，所以当时睡觉的时候基本上就盖着白天穿的衣服。如果家里比较富裕，会盖一种叫“夜着”的加入棉的衣服去睡觉。

发型·化妆

男女的发型可以有很多的变化，那是江户时代之后的事情了。战国时代的发型，朴实刚健。

就像是制作抹茶时用到的刷子一样的“抹茶刷发髻”（①）是战国时代最流行的发型。根据长度、粗度、角度，每人会有不同。据说年轻时的织田信长将头发高高地卷在头上（②），从颇具朋克风的发型中，我感受到了他的叛逆精神。

从额头开始到头顶都剃光的月代头，是在战争时期戴头盔的时候，为了身份不上火而将头发剃掉的习惯演变而来的。但是，能保持月代头的整齐是一件很麻烦的事情（③）。因为在战争中，是不可能有经常剃头的时间的。没有时间打理头发的普通百姓，比较常见的是留全发，或者任由头发自由生长。

随着越来越多的人留月代头，梳发（④）这个行当也开始红火了起来，但是武家不会随便把自己的头暴露在他人的刀具之下。下级至中级武士会互相剃，大名则会把这项任务交给家臣去做。

女性的发型以简单的垂发为主，也是最基本的发型。普通的头发即使再长也大概只到腰部左右，但高贵的女性在参加典礼活动时，会加上一些假发，像是平安时代那样，让头发看起来更长一些。结婚、生子之后的女性会将眉毛剃掉，把牙齿涂黑，如果是富裕阶级的女性，会抹粉，还会画眉（⑤）。当时粉黛的价格和黄金一样，甚至比黄金还要贵，所以能够使用粉黛的是极少数的女性。公家的男子也会化妆（⑥），高级的武家也会化妆。为此，为了让在战场上被砍下的人头看起来更了不起，也会在上面施些妆容。

但是，战国的风气是比起黑齿，更支持粗犷的外表。胡子是男人的特征（⑦），据传说在天正时期，有一位武士被别人辱骂自己是“没有胡须的人”时，竟然与对方决战而死。刀伤也是男人的勋章（⑧）。脸部或者身体的正面有一道“对方给自己带来的伤”，那是自己武勇的证明，会受人尊重。

发髻

用来绑发髻的绳、线、和纸捻（将和纸揉细再组合）等。像巫女用的横宽较宽的和纸叫作“丈长”，是在编好了的发髻上面再加一层。

剪发的仪式（根据地域不同习惯可能有差异）

- 留发　婴儿生下后 7 天左右，会将胎毛剃掉，之后如果长长了就继续剃，在 3 岁之前不会留有长发。这是从平安时期的公家开始的习惯，一代一代又传到了将军家，最后也流传到了普通百姓家里。
- 开脸　男子成年时的一项典礼，女子在 13 岁左右时会将左右的鬓角（脸颊旁边的头发）剪短，也就是剪成公主头。

洗发

女性的长发大约 1 个月洗一次。会使用理发时用的海萝或者乌冬粉来洗，这样发油会容易被洗掉。

① 抹茶刷发髻

② 抹茶刷发髻（不良系）

③ 长长的月代头

④ 梳发

⑤ 女性的化妆

⑥ 男性的化妆

⑦ 胡须

⑧ 刀伤

笠·帽子

头上戴的东西，比起美观，更重要的是实用，或者是可以表明自己的身份。

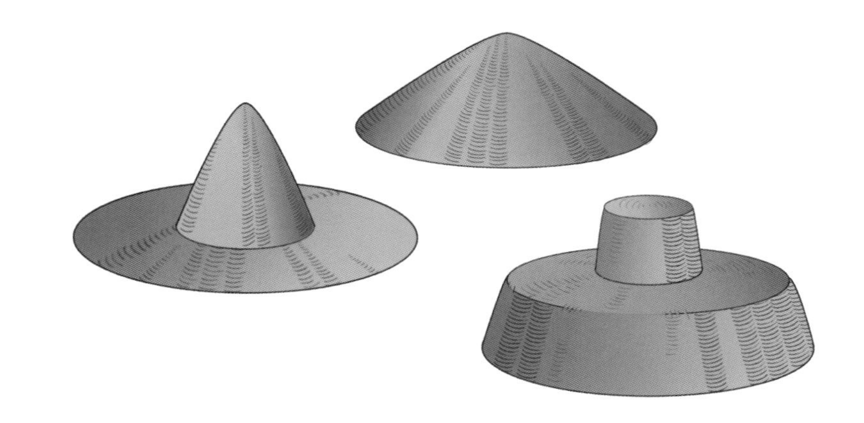

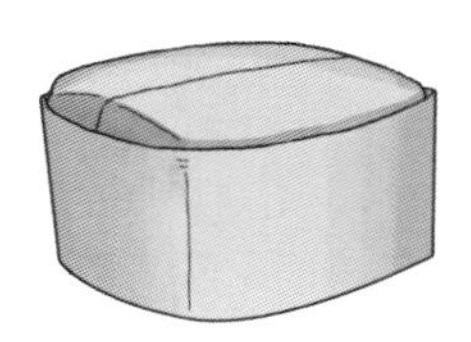

帽子

这是僧人戴的东西。因为千利休曾经戴过，所以也叫“茶人帽”。如果是茶人的话，根本不会让别人随便动，只有出家后达到僧侣级别的才会得到许可，这些都是法衣的一部分吧。

笠

如果看到了当时的风俗画，就会明白笠在当时的使用率还是非常高的。在不怎么洗头的当时，人们也想尽量不让头发沾染上尘土和脏物。笠的外形不分高低贵贱，设计也可自由发挥。女性会在披衣的上面再加上市女笠（右·室町时代）。

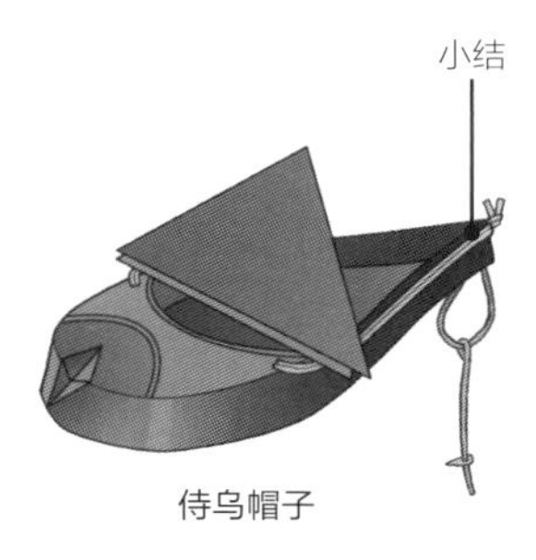

侍乌帽子

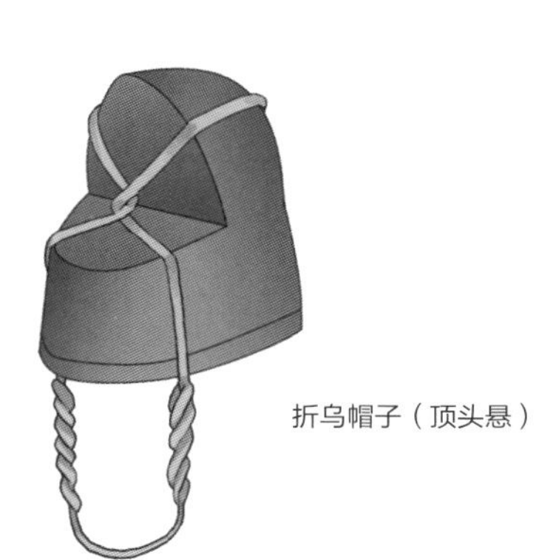

折乌帽子（顶头悬）

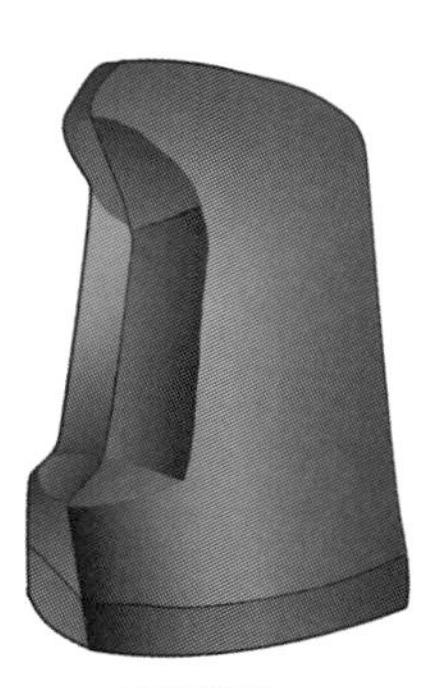

立乌帽子

乌帽子

从室町后期开始出现“露顶”，即使不戴乌帽子，露出头来，也不会被认为是失礼的事情。日常使用的乌帽子也成为正式场合的专用物品。虽然有各种形状，但最基础的就是立乌帽子。根据流派和各家的传统，立乌帽子又有了各种变形。穿怎样的礼服，戴怎样的帽子，在江户时代以后制定了规则。

戴乌帽子的时候，会用被叫作小结的绳子或者附属的针将头发进行固定，除此以外，在风力较强的野外等不希望乌帽子被吹落的场合，会从上往下系一根名为“顶头悬”的绳子。

鞋·手套

战国时代出现了各种各样的鞋。但是，几乎所有普通百姓依然是裸足。

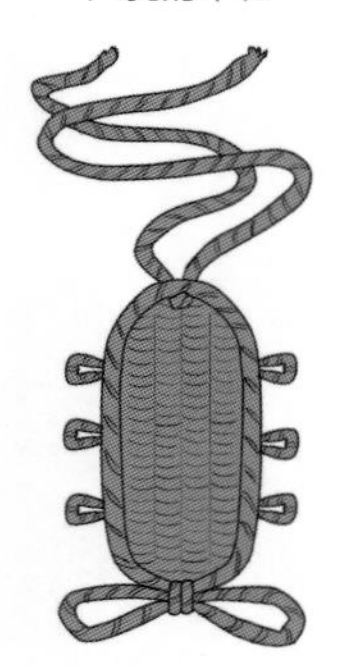

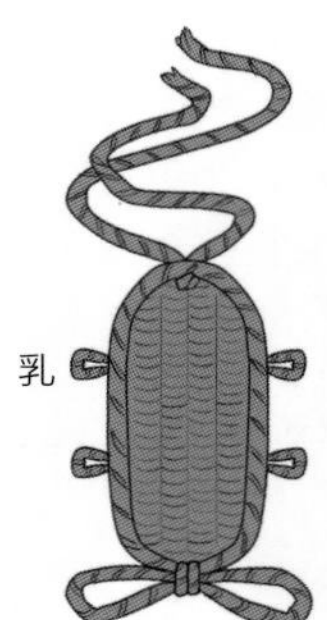

草鞋

不同的地方和不同的时代会有不同的形状，系草鞋的方法也没有明确的规定。它基本上属于消耗品，战斗的时候因为只穿 1 天就会变得破破烂烂，所以会在腰中插一双备用的草鞋。

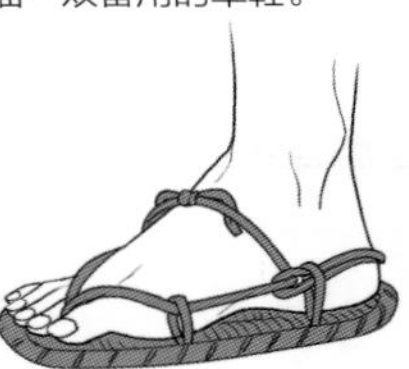

粗带草鞋（绪太）

正如其名，它是带子比较粗的草鞋。人们会搭配直垂或者肩衣这些武家的日常穿着来穿。

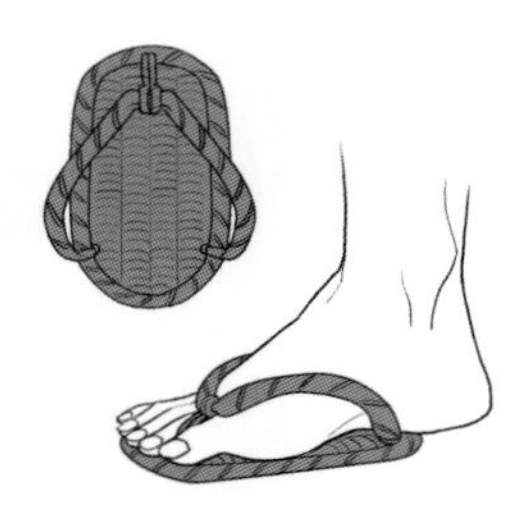

半草鞋

正如其名，它是只有脚掌前半部分大小的草鞋。这是为什么呢？因为穿着它在跑起来的时候可以让着力的左脚摩擦力增大，而且脚后跟也不会“啪嗒啪嗒”地响，这是当时的武士最喜欢的鞋。

浅沓

这是一种与束带、狩衣等的装束搭配起来穿的鞋子。它是用和纸的纸糊（张悬）来做的，虽说是纸，但其实很坚硬，为了不让脚趾感到疼痛，内衬里加了一层布来做缓冲。

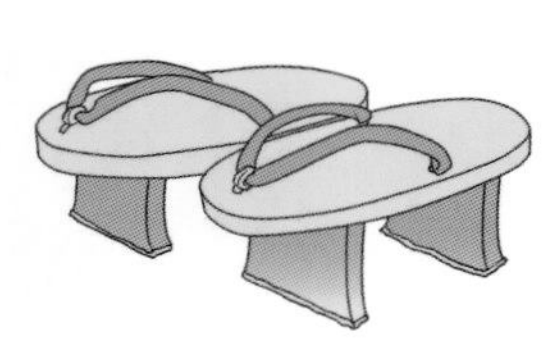

高齿木屐

它像是高跟拖鞋似的，是齿高一些的木屐。穿着它走在湿润的地方等，不会将衣服的下摆弄脏。大多是僧侣在穿。

皮制短袜

它是在战斗时和外出狩猎时穿的，基本上用鹿皮制作而成。和胶底短布袜一样，它也是有底的。它的长度一直到脚脖子那里，这是和如今的短袜不一样的地方。

外套鞋

它是穿在浅沓里面的绢制袜子。它的脚趾根部并没有被分开，外形像是袜子，看起来就像由 2 块补丁从中间被缝起来一样，没有鞋底。

射箭用皮手套

除了战斗以外，这个手套也为了在猎鹰、狗在追猎物等需要射箭的时候使用。与皮质短袜一样，它基本上是用鹿皮制成的。

绑腿

它也叫刀镡，是用来保护小腿的，从平民到武家得到了广泛的应用。绑腿的形状因人而异，普通的就是在膝下和脚腕处用绳子把它绑起来。除了布质的以外，还有用稻草做的。

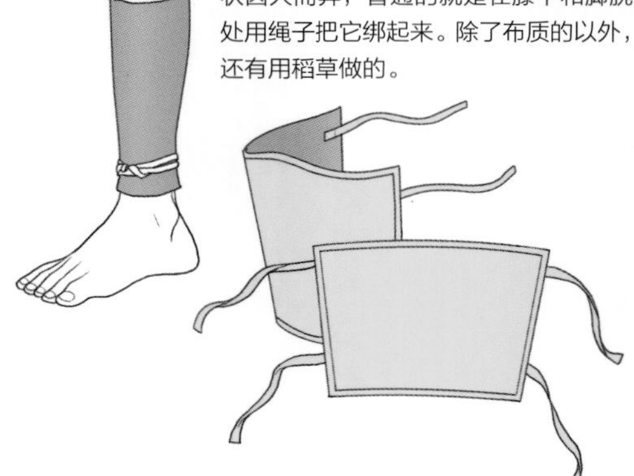

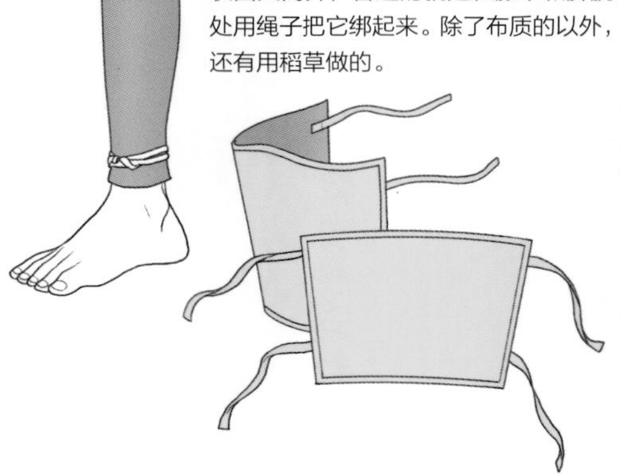

手甲

它就像是使用双手来进行工作的人贴着的膏药似的。手甲的形状各式各样。为了中指穿入固定，在手甲中专门加入了扣环以及小洞。

行李

从大件物体到小件物品，搬运行李也要用些创意。

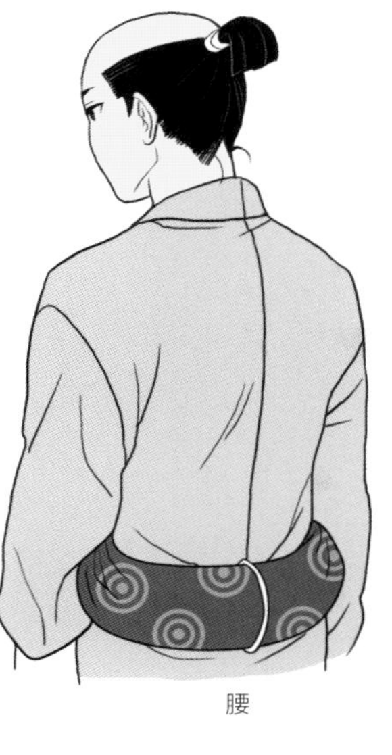

包袱

包袱比较环保，是拿行李时最常用的工具。它可以斜挎，可以背在肩上，也可以卷在腰中，持拿的方法多种多样。在包较重的行李时，为了防止扎口处散开，上面还可以绑一根带子。

大行李的搬运方法

在拿大件行李的时候，男性可以用肩膀扛起行囊等，若是女性的话，则可以顶在头上。其实，头部是最稳定的位置，所以这样的话力气很小的女性也可以搬运非常重的东西。顶在头顶时为了防滑，会使用用稻草或者布编成的环形座。

背箱

它是云游诸国的高僧和山中修行僧背着的工具，原本是放佛像和经书的硬质箱子。样式有质朴的，也有带雕刻的豪华式样。

钱褡

它是装零钱和打火石等，挂在腰中的袋子。里面放一些放到袖兜里会很重，而放入怀兜中则容易掉的东西，会很方便。

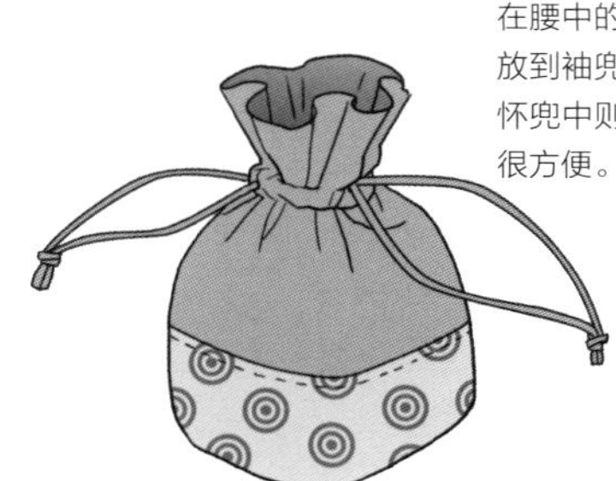

小物件

从使用便利的日用品，到精美的小物件。意外的是有很多都是现在也能见到的东西。

蓑衣

根据地方的不同，蓑衣的造型和编织方法是多种多样的。虽然基本防不了什么雨，但是防寒效果特别好。下雨的时候不外出，或者做好心理准备等待它过去就是当时人们的对策。

葫芦水壶

将其泡入水中，将葫芦里面的东西泡腐烂后摇晃，然后倒出。把里面清洗干净晾干后就制作完成了。如果用沾了酒的布来回摩擦的话，外表就会像涂了漆一样闪闪发光。

竹水壶

它在战国时代之前就一直被使用，属于外出或者战争时随身携带的物品。装入其中的主要是酒。因为在河川较多的日本，比起用竹水壶，直接在河川里喝水可能会更快一些。

小刀

即使是普通百姓，在山中干活或者为了防身也会拿着小刀走在路上。它的尺寸和武士带着的腰刀差不多，但上面没有油漆或者彩色的线，取而代之的是用植物藤蔓缠绕这样质朴的方法。

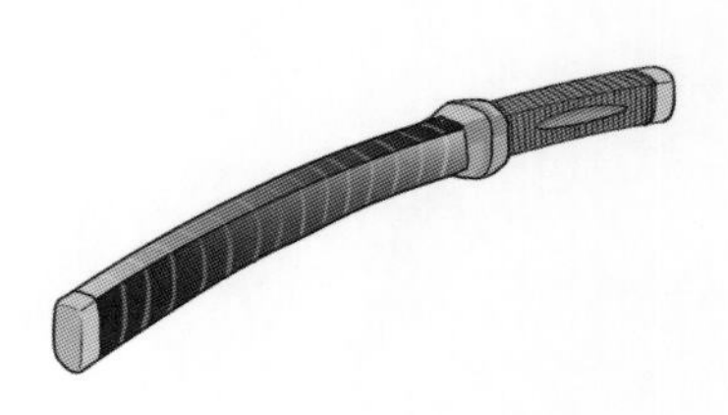

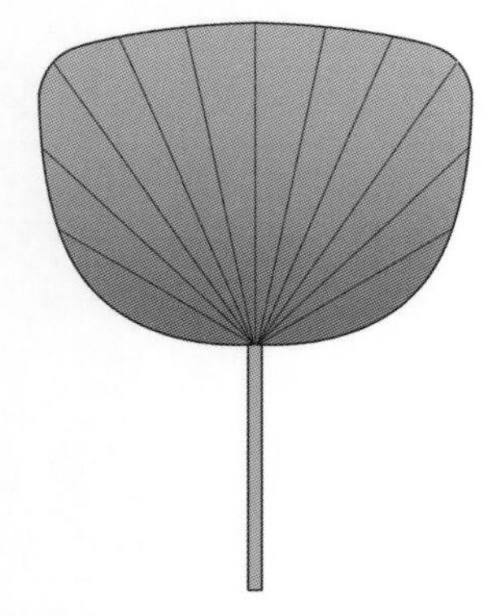

团扇

实际上它的出现比扇子要早很多。它最初是用植物的蔓和叶片编织而成的，从室町时代开始，出现了在竹骨上贴上纸张的扇子。

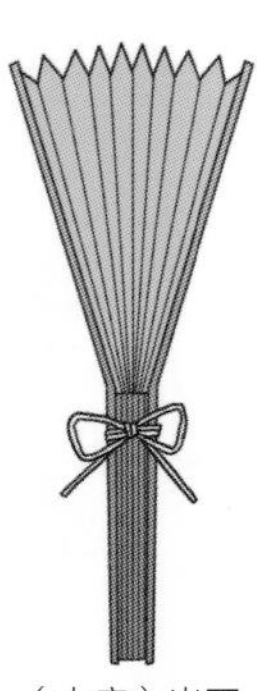

（中启）半开折扇

雪洞

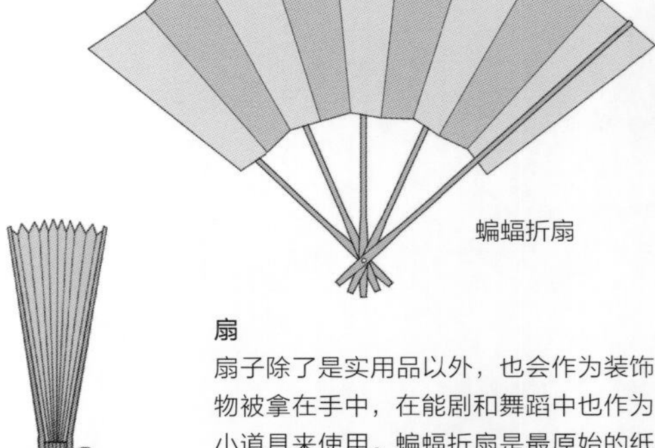

蝙蝠折扇

扇

扇子除了是实用品以外，也会作为装饰物被拿在手中，在能剧和舞蹈中也作为小道具来使用。蝙蝠折扇是最原始的纸折扇，最初作为宫中的夏扇。出现在室町时代的半开折扇和雪洞的特征是在合着的状态也可以呈现出稍微打开一点儿的样子。

麻

当时所说的“布”其实就是麻。它是从古代开始就广为使用的衣物主要材料。除了大麻，还有可以从中抽取出纤维较柔软的苧麻，也被称为“麻”。它们都很结实且有弹力，长时间穿用会呈现出柔和的质感。苧麻的线可以细纺，经过晾晒后会变白，所以常用于制作贵族的内衣以及夏天穿的衣服。

其他的植物纤维

除了麻以外，还有用葛做的葛布，用藤和楮做的粗布等。在不同的土地上获得的植物纤维都被利用制成了布。这些布并没有用作税或者商品进行流通，主要是普通百姓用来自给的。

棉

棉花曾经只有进口的，所以价格高昂。在室町时代末期棉花的栽培技术传入日本，棉花在三河、河内等地栽培之后，作为百姓使用的新型衣料，棉开始快速普及。棉除了既柔软又温暖的特性以外，比起麻可以染上更漂亮的颜色也是它吸引人气的一个理由（在柳田国男的《棉以前的事》一书中，生动地记录着当时老百姓激动的心情）。

绸

从古代开始，绸就是公家等上流社会的人可以穿在身上的有特权的材料。绸的织物有很多种类，从礼服到内衣，根据用途不同都可以被区分使用。室町时代之后，从海外的进口品开始多了起来。从蚕茧中抽取的真丝，是上流阶级用在衣服上起保温作用的材料。

毛

在羊毛等动物性纤维较少的日本，通过“南蛮”贸易进口而来的呢子，是日本人第一次见到的毛织物。像毛毡一样厚实的材质，被染成鲜红色的红毛呢是阵羽织的材料，最具人气。另外，西藏的牦牛毛被作为头盔的饰品毛来使用，根据颜色的不同被分为白熊、红熊和黑熊。

皮革

柔软的鹿皮可以用来制作皮袜、皮手套等，除此以外在裙裤和羽织上也被使用。除了染色以外，还有用燃烧松叶的烟来熏烤让其变黑的熏皮。漂亮的皮毛会被用来做马具以及装饰性的衣服。在铠甲的符牌上，会用到将牛皮重叠然后用胶来固定的鞣皮。除此以外，好像猴皮和熊皮等也会被用来制作普通百姓的衣服。

羽毛

经常使用的羽毛有孔雀毛、鸡毛等。阵羽织、旗指物、头盔等，羽毛可以用在这些想要装饰得特别华丽的物体上。

纸

这里的纸说的是结实的和纸，它被活用在各种场合。用纸织成的叫作“纸子”（纸衣）的布，因为又轻又暖和，被用在阵羽织等的上面。将几张纸叠起来糊出来的“张悬”，可以做出立体造型而且还很轻，所以在制作头盔以及搭配礼服的鞋子时能起到很大的作用。

特别采访 和田龙

（剧作家·作家）

※ 采访中的年龄、作品信息等，都是以采访当时的时间（2009 年 7 月）为准。

“喜欢上战国”，也可以从虚构的故事出发

据说关于我的小说有一件很难得的事，那就是女性也会读我写的时代小说。男性读者会从组织论的角度去看和自己在真实社会中体会到的类似的内容，女性读者则可能体会到一种“男性特有的呼吸”的感觉……就是两个人可以推心置腹地说心里话，一言不合的时候又开始扭打在一起的那种感觉。我的小说中会给人这样的感觉，能够让读者觉得男人之间的关系就像是“傻瓜一般单纯的相处方式，那样真好”。

当下以女性为中心的战国热是热门话题。即使看了年轻女子作为人气主角的以战国时代为背景的游戏或是动漫，虽然我难以认同，但并不妨碍我认为如果这能成为吸引人们对战国时代产生兴趣的出发点也是很不错的。因为如果没有这样的作品，大家也不会对历史如此关心。在学校的教科书中没有办法写出历史人物的内心戏，但如果缺失了这一部分就很难让人产生共情。

我是在读了司马辽太郎的《龙马到来》之后才开始喜欢历史的，那是在我刚上大学的时候。当时的我因为自己是日本人而不喜欢自己。我喜欢的好莱坞电影中的人物都是平等且自由的感觉，我觉得他们简直太帅了，但是日本人却狭隘、害羞。在我初次读了《龙马到来》之后，内心有一种感动，“原来过去的人是这种感觉啊”。他们有在现代人的身上所没有的勇猛。因此，虽然算不上是圣地巡礼，我也游历了很多的历史遗址。但当时也仅仅是兴趣，并没有要写剧本、小说之类的想法。

从何处求取真相

战国时代最吸引我的，是当时人们的内心。和现代人不同，当时人们的内心世界非常有趣。并不是说古人有多么忠义或者纯洁。从现代人的角度来讲，有一点儿庸俗、圆滑的人性是非常有意思的。例如可以直面自己原始的欲望，又比如只有自己强大了才能得到他人的认可，所以为此可以付出一切，等等。战国时代的人们为了自己的目标努力的样子让人觉得很畅快，正是有这样的心胸，才会让我觉得很有趣，所以我将这些都记录了下来。

因此，在时代小说的真实性方面，我最不想夸大其词的就是内心的部分。假如我们去读战国时代的资料，我们就会因为自己是现代人，而从我们的角度进行解读。虽然通过他们的行动，我们希望可以从中读出他们的内心世界，但是不知不觉还是会从现代人的心思去理解。但我们要用战国时代的心境去阅读。“正是因为有这样的胸怀，所以才有之后的行动”。我们应该在这样的情况下去探寻真相。

产生这样心境的理由，我认为正是因为那是一个战乱的时代。特别是活在一个不知道什么时候会死的环境中，最让人动摇的还是自己的内心，我认为在那样的极限状态下，会显露出人性善的一面，也能看出恶的一面。没有战争的江户时代后期，是一种与我们现代相似的社会。而在战国时代会更加突出地表现美好和险恶。

和武士一起生活的平民与女性

战国时代描绘的主体是武士，他们生得潇洒，死时也潇洒，而他们自己所率领的大多是百姓。这些百姓被派去最先发起攻击并战死……如果我生在战国时代，我想自己可能是拿着长枪，死在最前线的人。我觉得小说的读者中有这样立场的人会比较多。因此我觉得他们一定会想“武士很酷，但他们最终会怎样呢？”。若是这样的话，这些百姓到底是抱着什么样的想法参加战斗的？无论是哪部作品，我都会用心把这些想法展现出来。战国时代并没有将人的身份区别为士、农、工、商，其中有很大的一块版图是被称为“地侍”㊀的农民们的，战国时代还是这些农民们非常有实力的时代。因此，我所写的这些农民是武士强有力的对手也并不是虚言，而且我希望这些人是主动参加战争的，所以我所写的不仅仅是他们被卷入战争，而是战争中强有力的存在。

另外，战国时代的女性也千差万别，我认为没有办法笼统地定义她们。其中，有教养很好且拥有现代化思维方式的女性，也有一步登天成为武士妻子的，还有自己端着枪上战场参加战斗的勇猛的女性。我自己喜欢的，是按照自己的想法敢说敢做的女性。我想写的也是这样的女性形象。我并不想写政治联姻后，被男性虐待的可怜的女性。

艳丽的气质，是日本人本来的样子？

德川政权统治约 300 年，可以说日本人就像是坏牙被拔掉了一样获得了一种踏实安稳感，但我怀疑“真的如此么？”。日本人难道不是本来就喜欢艳丽得有些浓艳的东西吗？

看一看战国时代的甲胄，它们是非常吸引人眼球的，在头盔上也会加入很多东西。有非常多的造型都会让人看了以后产生疑问“这是怎么回事儿？”。这些创想就和当下暴走族改装摩托的想法是一样的。这里面一定会有“战斗”的元素，也有一种祈愿，想让主人看到自己的努力。尽管有这些理由去解释为什么会变得艳丽华美起来，但我认为这种艳丽的气质，不就是日本人本来就一直有的吗？这一点与现代的年轻人也是有相似之处的吧。

在我还是高中生的时候，原宿、涩谷并不是像现在一样到处可见非常时尚精致的女孩儿。在大约 25 年前，还是有“做过头了”“觉得不好意思”这样的顾虑，但是我会觉得无论男女，自己所拥有美丽的外表，难道不想收获更多的赞美吗？如今，终于出现了这样的人，他们遵照自己的心愿去化妆，这种感觉可真好。过去，因为如果画着浓妆，会“被认为是风尘女子”，所以没有人那么做，但是也会偷偷地觉得“这么漂亮多好啊”，当时的女子们一定是这样的心情。如果对于前面说的他人的眼光和评头论足毫不在乎，反而认为“那样很可爱”，就会有越来越多的人那样去装扮自己，这样的行为才会被认为是自然、清新的。

㊀ 地侍：拥有武士身份的有实力的农民。虽然从统治者的角度来看他们就是农民，但是在战国时期作为“武士”与各地的战国大名的家臣团中有了自己的地位。

和田 龙 · 小说作品

傀儡之城（上 · 下）
（小学馆文库）

忍之国
（新潮文库）

小太郎的左腕
（小学馆文库）

村上海盗的女儿（上卷 · 下卷）
（新潮社）

接下来也会关注与战国相关的东西

现在，《傀儡之城》《忍之国》都有要拍成电影的计划，《傀儡之城》正在运作当中。如果说比较纠结视觉效果的话，因为我确实比较喜欢战斗的画面，所以我希望能够认真去制作。关于服装，虽然不像场景那么令我纠结，如果非要提一点，可能就是铠甲吧。穿着铠甲站立在那里会让旁人觉得看起来腿很短（笑）。骑在马上的样子看起来很好，虽然挺立在那和插画中的样子都很酷。我希望在电影中呈现出来的是站在那里看起来也很帅气的样子。因为在电影中骑马的场景很少，而踱步走来走去的场景会比较多。

大家都说战国题材的电影制作成本非常之高，因为每位演员都要制作发髻，想找来合适的马匹拍戏也非常困难。原本《傀儡之城》的剧本是打算参加竞赛的，并没有想着能够制作成电影。所以我随意写了些自己喜欢的比如非常宏大的战斗场景、水攻场景之类的（笑）。《忍之国》也有各种各样的战斗画面。这两本书无论哪一本，如果是打算拍成电影的话，书的内容我绝对不会那样去写的。但我当时在创作的时候，确实一心怀着“把这本书拍成电影的话一定很有意思”这样的想法和坚持去写的……真是自己给自己找罪受（笑）。

下一篇小说是《小太郎的左腕》，眼下我刚刚写完第一稿。这一本也是关于战国时代的故事，主题是关于杂贺党㊀的。他们被称为战国狙击手。这并不是虚构的故事，我考察了当时的社会状况、家臣之间的关系等历史背景，也融合了当时的精神世界来写的这本小说。

今后我还会继续关注战国时代。我发现自己还是喜欢战国时代人们的内心世界。我刚才虽然说了原始质朴，仅从这一点来说，对于现代人也是能够理解的方面。无论是内心世界也好、行动也好，虽然两者是完全不同的，但都有质朴因素的存在。如果真的要写时代小说的话，可以去写比战国时代更早的镰仓时代，可以写更加质朴的人们。但是当下，我还是想继续写战国时代的故事。

（2009 年 7 月 1 日　访谈）

和田龙

1969年生于大阪府。毕业于早稻田大学政治经济学部。2003年，电影剧本《忍之国》获第29届城户奖。将剧本小说化的《傀儡之城》（小学馆文库）、《忍之国》第2部（新潮文库），吸引了并不熟悉时代小说的年轻读者层而成为当时的热门话题。《傀儡之城》于2012年拍成电影。2014年出版了以村上水兵为题材的《村上海盗的女儿》（新潮社）。该作品获第35届吉川英治文学新人奖和2014年本屋大赏、第8届亲鸾奖。

㊀ 杂贺党：以纪伊国（现在的和歌山县）为据点发展起来的武装势力，也被称为“杂贺众”。他们是熟悉从生产到射击的火枪专家，曾经也作为雇佣兵活跃在历史舞台。

P56 · 伊贺裙裤的制作方法

制作方法

长260cm × 宽110cm的布 尺寸=女性M~L码

1 两片前腿与前中心部分缝合，制作前身（❶）。
2 缝合后腿、膝部内侧、膝部外侧。腿缝的部位不封，在开口处锁边（❷）。另外一片也用同样方法制作。
3 步骤 2 中的 2 片后腿按照步骤 1 的要领与后中心部分缝合，制作后身。
4 将步骤 1 的前身与步骤 3 的后身缝合。肋下开衩处不缝，锁边（❷）。
5 将带子两两缝合，一共两组（❸）。
6 在前身折缝（❹），将步骤 5 的带子缝在上面（❺❻）。后身也是如此。
7 将下摆以 1.5cm 宽折 3 次，压线（❼）。
8 缝 4 条腿带（❽），将腿带的中心缝在绑腿带的位置。

环（折叠为 2 张）
△ = 对齐
★ = 无缝边
♡ = 含 1cm 缝边
※ 无任何标记的地方留 1cm 缝边

※ 请注意，插图显示的尺寸与图纸相同。

❶

❷

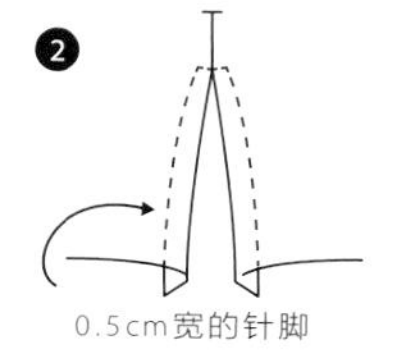

❸

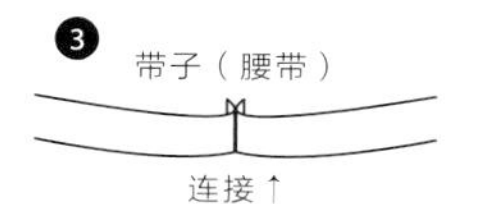

❹

按照箭头方向将布进行折叠，折出折缝。图样中的斜线表示重叠的部分。

❺

在前身的中心处对准腰带的接头处，将前身与腰带缝合。

❻

把腰带折成 3.5cm 宽，把缝边折进内侧。把腰带从一端到一端用针脚从正面缝起来。

❼

❽

年表

室町时代（后期）

元号	年代	主要事件
应仁	1467	**应仁之乱**（—1477）
明应	1493	北条早云、伊豆平定
	1500	
文龟	1501—1504	
永正	1504—1521	
大永	1521—1528	
享禄	1528—1532	
天文	1532	
	1536	**天文法华之乱** ○延历寺—●法华宗 一场大规模宗教战争。烧了京都的法华 21 本山
	1543	葡萄牙人来航。种子岛铁炮传来
	1549	弗朗西斯科·沙维尔来日。传来基督教
	1553	**川中岛战役** 武田信玄—上杉谦信 直到 1564 年共进行 5 次对决。没有分出胜败
弘治	1555	**严岛合战** ○毛利元就—●陶晴贤 属于日本三大奇袭作战之一
永禄	1558	
	1560	**桶狭间之战** ○织田信长—●今川义元 信长登上历史舞台的第一步
	1568	信长拥足利义昭上京 此时信赖关系尚存，不久之后对立
元龟	1570	**姊川之战** ○织田信长·德川家康—●浅井长政·朝仓景健 信长讨伐妹妹（市）的丈夫浅井长政的斗争 **石山合战**（—1580）○织田信长—●显如 压制当时最大的宗教势力石山本愿寺的一向一揆
	1571	信长火攻比叡山延历寺 不管是不是佛，对反抗势力毫不留情

本书登场武将的生卒年

- 武田信玄（1521—1573）
- 上杉谦信（1530—1578）
- 织田信长（1534—1582）
- 前田庆次（1541—1612）※ 有多种说法
- 直江兼续（1560—1619）
- 石田三成（1560—1600）
- 伊达政宗（1567—1636）
- 真田幸村（1567—1615）

安土桃山时代

天正

1573 室町幕府灭亡
信长将足利义昭流放

1575 长篠之战 ○织田信长·德川家康—●武田胜赖
拜会了有名的3000挺火枪

1576 信长修筑安土城

1582 本能寺之变 ○明智光秀—●织田信长
谋反的理由至今仍是迷

山崎合战 ○羽柴秀吉—●明智光秀
光秀的天下仅仅维持了11天便结束了

1583 贱岳合战 ○羽柴秀吉—●柴田胜家
确认了其作为信长实质性后继者的地位。同年，开始修筑大阪城

1584 小牧·长久手之战 羽柴秀吉—织田信雄·德川家康
以秀吉和家康议和告终

1585 秀吉就任关白

1586 九州征伐 （—1587）○丰臣秀吉—●岛津氏
平定之后，发布教徒驱逐令

1589 小田原之役 （—1590）○丰臣秀吉—●北条氏政
之后平定奥州，接着达成了天下统一

文禄

1592 文禄之役
秀吉向朝鲜出兵

庆长

1596

1597 庆长之役
由于谈判破裂，第二次向朝鲜出兵

1598 秀吉去世

1600 关原之战 ○德川家康—●石田三成
秀吉身亡后争夺天下主导权的斗争，发展为两分天下的战争

江户时代

1603 家康就任征夷大将军，设立江户幕府

1614 大阪冬之阵 德川家康—丰臣家
作为议和条件之一，需将大阪城的城沟填平，这成为之后的致命伤

1615 大阪夏之阵 ○德川家康—●丰臣家
战国时代结束。第二年，家康去世

参考文献（与出现的前后顺序无关）

『洛中洛外図大観　上杉家本』小学館
『洛中洛外図大観　舟木家旧蔵本』小学館
『洛中洛外図大観　町田家旧蔵本』小学館
『新日本古典文学大系61　七十一番職人歌合　新撰狂歌集　古今夷曲集』岩波書店
『戦国合戦絵屏風集成』（第一～五巻、別冊）中央公論社
『近世風俗図譜』（第5～13巻）小学館
『日本の甲冑』（展覧会図録）京都国立博物館
『日本の服装　上』歴世服装美術研究会　編／吉川弘文館
『勇将の装い』長崎 巌　編著／ピエ・ブックス
『変わり兜　戦国の奇想天外』（展覧会図録）神奈川県立歴史博物館
『南蛮服飾の研究』丹野 郁　著／雄山閣出版
『画報風俗史　2』日本近代史研究会　編／日本図書センター
『図解　日本の装束』池上良太　著／新紀元社
『素晴らしい装束の世界　いまに生きる千年のファッション』八條忠基　著／誠文堂新光社
『原色日本服飾史』井筒雅風　著／光琳社出版
『図説　武田信玄公』武田神社
『甦る武田軍団　その武具と軍装』三浦一郎　著／宮帯出版社
『歴史群像シリーズ　前田慶次』学習研究社
『現代視点　戦国・幕末の群像　石田三成』旺文社
『特別展覧会　石田三成　第二章　―戦国を疾走した秀吉奉行―』（展覧会図録）市立長浜城歴史博物館
『日・月・星　―天文への祈りと武将の装い―』（展覧会図録）仙台市博物館
『瑞鳳殿　伊達政宗とその遺品』伊藤信雄　編著／瑞鳳殿再建期成会
『新・歴史群像シリーズ⑩　真田三代　戦乱を〝生き抜いた〟不世出の一族』学習研究社

『すぐわかる日本の甲冑・武具』笹間良彦　監修・棟方武城　著／東京美術
『図説　日本戦陣作法事典』笹間良彦　著／柏書房
『日本の甲冑・武具辞典』笹間良彦　著／柏書房
『時代考証　日本合戦図典』笹間良彦　著／雄山閣出版
『図説・戦国甲冑集』伊澤昭二　著／学習研究社
『図説・戦国甲冑集Ⅱ』伊澤昭二　著／学習研究社
『歴史群像シリーズ　図説　戦国の実戦兜』小和田哲男　監修・竹村雅夫　編著／学習研究社
『苧麻・絹・木綿の社会史』永原慶二　著／吉川弘文館
『木綿以前の事』柳田国男　著／岩波文庫
『化粧せずには生きられない人間の歴史』石田かおり　著／講談社
『江馬務著作集　日本の風俗文化　第4巻　装身と化粧』中央公論新社
『日本人のからだ　健康・身体データ集』鈴木隆雄　著／朝倉書店
『戦国時代用語辞典』外川淳　編著／学習研究社
『服装大百科事典』服装文化協会　編／文化出版局
『日本の髪形と髪飾りの歴史』橋本澄子　著／源流社
『イラストで見る日本史博物館　第2巻　服飾・生活編』香取良夫　著・画／柏書房
『下着の文化史』青木英夫　著／雄山閣出版
『日本服装史』佐藤泰子　著／建帛社
『知られざるきもの　日本人の服飾はどこからきたか』戸田守亮　著／奈良新聞社
『復原　戦国の風景　～戦国時代の衣・食・住～』西ケ谷恭弘　著／PHP研究所
『日本の歴史がわかる本［室町・戦国～江戸時代］篇』小和田哲男　著／三笠書房
『決定版　図説 忍者と忍術　忍器・奥義・秘伝集』学習研究社
『時代考証 おもしろ事典 TV時代劇を100倍楽しく観る方法』山田順子　著／実業之日本社

日本战国时代是许多历史迷所钟爱的时代，本书收录日本室町时代后期至江户时代初期（16世纪—17世纪初）的服饰，以图鉴加解说的方式展示日本战国时代的服装款式。书中选取了日本战国时代各种身份、职业的服装，并对其构造和起源进行了讲解。服装能反映出那个时代人们的生活方式，书中所展示的是日本战国时代真实的“时装”。当时的人们过着什么样的生活？又有什么样的民俗风情呢？让我们透过当时贵族、庶民、武士等人物的穿着，探索历史的足迹。

北京市版权局著作权合同登记　图字：01-2020-5831号。

图书在版编目（CIP）数据

日本战国时代服饰图鉴/（日）植田裕子编著；宋玮译. — 北京：机械工业出版社，2021.12
（日本动漫服饰系列）
ISBN 978-7-111-69307-9

Ⅰ. ①日… Ⅱ. ①植… ②宋… Ⅲ. ①服饰－日本－战国时代（日本）－图集
Ⅳ. ①TS941.743.13-64

中国版本图书馆CIP数据核字（2021）第203574号

机械工业出版社（北京市百万庄大街22号　邮政编码100037）
策划编辑：马倩雯　　责任编辑：马　晋　马倩雯
责任校对：周丽敬　　责任印制：常天培
北京宝隆世纪印刷有限公司印刷

2022年1月第1版第1次印刷
184mm×260mm・6.5印张・104千字
标准书号：ISBN 978-7-111-69307-9
定价：79.00元

电话服务
客服电话：010-88361066
010-88379833
010-68326294

网络服务
机　工　官　网：www. cmpbook. com
机　工　官　博：weibo. com/cmp1952
金　　书　　网：www. golden-book. com
机工教育服务网：www. cmpedu. com